The Secret of Encyclopedia

激发孩子阅读兴趣的300个百科揭秘

可怕的灾难

于秉正◎主编

horrible!

中国和平出版社
China Peace Publishing House

U0207620

图书在版编目（CIP）数据

可怕的灾难 ／ 于秉正主编 . -- 北京 ：中国和平出版社，2011.8（2020.10重印）
（激发孩子阅读兴趣的300个百科揭秘）
ISBN 978-7-5137-0118-1

Ⅰ．①可… Ⅱ．①于… Ⅲ．①灾害－儿童读物 Ⅳ．①X4-49

中国版本图书馆CIP数据核字(2011)第143461号

可怕的灾难

于秉正 主编

出 版 人：林　云
责任编辑：杨　隽　　陈海鸥
装帧设计：百闰文化
责任印务：魏国荣

出版发行：**中国和平出版社**
社　　址：北京市海淀区花园路甲13号院7号楼10层（100088）
发 行 部：（010）82093832　82093801（传真）
网　　址：www.hpbook.com
E - mail：hpbook@hpbook.com
经　　销：新华书店
印　　刷：武汉福海桑田印务有限责任公司

开　　本：710毫米×1000毫米　　1/16
印　　张：10
字　　数：113千字
版　　次：2011年8月第1版　　2020年10月第3次印刷
印　　数：21001～41000册

（版权所有　侵权必究）

ISBN 978-7-5137-0118-1　　　　　　　　　定价：22.80元

目 录

宇宙中的那些"可怕"的灾难

被火山毁灭的 庞贝古城

地球上有许多大小不等的火山，它们不均匀地分布在世界各地，安静得就像个"睡美人"。不过人们可不要掉以轻心，火山的"脾气"可是说变就变，一旦它发起"怒"来，就会从火山口喷出炙热的岩浆。你知道吗？曾经的庞贝古城非常繁华，可在一夜之间就被火山喷发彻底毁灭了。

曾经美丽富饶的庞贝

早在公元前 8 世纪，有一个依附于地中海生存的小渔村，它的名字叫做庞贝。庞贝人不但聪明而且勤劳，因此经过了几百年的发展和壮大，终于成为了商贾云集、美丽富饶的城市。

在庞贝城内有雄伟的太阳神庙，有巨大的斗兽场，还有很多繁华的商铺和娱乐场馆，这些娱乐设施吸引了地中海周围的许多人。在庞贝城北面的维苏威火山喷发

好美啊！

多美丽的一座城市啊！

好安静！

2

我要喷发啦！

了很多次，它的多次喷发带来了很多奇异的火山石和地热温泉，尤其是黑中透着亮红的火山石，因有止痛、安神的功效，人人都想拥有。庞贝还出产各种葡萄，它们个大汁甜，是酿制葡萄酒的首选，用这里的葡萄酿制的葡萄酒受到各地贵族的欢迎。就这样，越来越多的贵族来到庞贝生活，很快，城中的人口就达到了两万以上，而庞贝也就成为了闻名遐迩的繁华城市。

维苏威火山喷发，一夜之间毁灭了整个庞贝

人们都知道，在庞贝城北有一个著名的活火山——维苏威火山。在过去的1万多年中，它总会不时地喷发，所以光秃秃的山上一直没有长植物。在公元79年8月初，随着地球内部压力的升高，维苏威火山周围地区发生了多次震颤，很多井水都干涸了。在8月20日，这个地区发生了一次震级不高的地震，惊慌不安的马和牛羊群、出奇安静的鸟仿佛要告诉人们什么。

在8月23日夜晚，火山灰开始不断地从火山口溢出，当时的庞贝居民根本没有想到将会发生多么残忍的事情。在下午1点钟左右，火山开始露出了狰狞的面目，瞬间就喷出了灼热的岩浆。岩浆四处飞溅，遮天蔽日。随着巨大爆炸声的响起，熔岩迅速地喷向大气层，浓浓的黑烟夹杂着滚烫的火山灰铺天盖地地降落在这座城市，令人窒息的硫磺已经弥漫在空中。

很多还在睡梦中的人们就被深深地埋在了火山灰下面。有的人

及时发现了灾难的到来，不顾一切地向外奔跑，就在奔跑的过程中，被灼热的岩浆掩埋。滚烫的岩浆掀起一股热浪，力量非常大，瞬间就将人们完全掀翻在地，甚至城中高大华丽的建筑都被推倒。灼热的岩浆就像土匪一样，所经之处一切都被毁灭。就这样，古罗马的第二大城市，拥有两万多人口的庞贝，在顷刻间就被熔岩和火山灰覆盖了。美丽富饶的庞贝瞬间不复存在。

深埋地下的庞贝古城千年后重见阳光

随着时间的推移，庞贝已经渐渐地被人们忘记了。后来，人们发现维苏威火山山脚一带长满了茂密的森林，当人们伐去树木之后，便裸露出黑油油的土地，于是大家就在这富饶的土地上面开发种植葡萄。公元1748年的春天，一名农民在深挖自己的葡萄园时，发现一个柜子，打开一看，里面竟是一大堆熔化、半熔化的金银首饰及古钱币。消息一传开，便引来一批历史学家与考古专家，经过百余年七八代专家的持续工作以及数千名工作人员的辛勤努力，终于将庞贝古城当年那惊心动魄的一幕真实地再现于世人面前。

那是多么令人惊骇的景象啊！许多人在睡梦中死去，也有人躺在了家门口；不少人家的面包仍在烤炉上，狗还拴在门边的链子上；图书馆架上摆放着草纸做成的书卷……这些景象，充分展示了火山喷发的突然性。看到庞贝现场那些各种形态的男女老少尸体的化石，真是让人不觉一阵阵发怵——火山的喷发确实太无情了。

居住在火山附近的人们不害怕它吗

火山的喷发并不是件好事，按说人们应该远离那些可能喷发的火山才是。然而，越是距离火山近的地方，人口往往越稠密。维苏威火山是座活火山，它总是定期喷发，夺走过很多人的生命。可人们依旧在那里居住，他们难道不害怕吗？其实火山喷发喷出的火山灰是极好的天然肥料，它含有多种农作物所需的养分。虽然火山喷发起来是有危险的，但是在人们的心目中，还不知是哪一年才会发生的事呢。因此，在火山喷发后，人们仍然到那里去生活。

如猛兽般咆哮的 洪水

在人们眼中，洪水总是和猛兽相提并论，它是自然界的头号杀手，是地球最可怕的力量。当一条河的河水过多时，就会溢出河堤引发洪水。这个原理就和你倒水的时候倒得太快，水就会溢出玻璃杯一样。不过不同于水的溢出，洪水的威力实在是太大了。自古以来洪水给人类带来了很多灾难，比如发生在孟加拉国的特大洪水，就是无法逃避的灾难。

总被洪水侵袭的孟加拉国

孟加拉国每年都要发洪水，由于程度不同，所以人们早就对它习以为常了。特别是从20世纪中期以来，水灾更是频频出现，因此孟加拉国的水灾总是比世界上任何一个地区的都要严重，它几乎成了洪水的代名词。

为何孟加拉国总是遭受洪水的侵袭呢？原来这和它所处的地理位置有关。孟加拉国位于孟加拉湾以北，80%以上的国土为恒河和布拉马普特拉河下游冲击而成的三角洲。在孟加拉国境内还有200多条河流，每年河水都会泛滥，再加上这里地处季风区，印度洋上吹来的西南季风带着温暖而又饱和的水汽向低压区冲来，当受到山

主人，我在这儿！

漂流啊！

脉的阻挡时，就会立即降雨。这就使得地势平坦低洼的孟加拉国总是难逃水灾的侵袭。

孟加拉国总发生洪水的人为因素也是不可忽视的。这个国家水利设施既缺乏具有防洪蓄水能力的大水库，又没有足以顺利宣泄地面积水的沟渠网，再加上建筑物质量不够好，往往不能抵抗洪水的冲击而成片倒塌，从而造成了更多人员的伤亡和财产的损失。

1987年的洪水几乎淹没了孟加拉国

1987年是孟加拉人民无法忘却的一年，因为他们遭遇了史上最严重的灾难。在7月19日深夜，安静的世界突然变得"热闹"起来，不但空中乌云密布、电闪雷鸣，还伴随着强烈的大风和暴雨，沉睡的人们就这样被惊醒了。这是一场典型的热带暴风

我的家没了，好害怕呀！

口渴了，可以直接喝洪水解渴吗

人是离不开水的，如果在非常口渴的情况下，而身边又没有其他饮用水，那么可以喝洪水吗？其实洪水中有大量的泥浆、杂物，甚至污水，还包含了很多的微生物和腐烂物，这样的水是不能喝的。

雨，它迅速地淹没了平地，像一只猛兽一样吞噬了城市和田野。很多建造简陋的民房被冲毁，成千上万的居民无家可归。等到天渐渐放亮的时候，许多地方已经变成了一片汪洋，只有一些屋顶和树梢出现在人们的视线中。一些被暴风雨和洪水折腾的人们已经无路可走，只能蜷缩在屋顶和树上，为了不被洪水卷走，人们只能用绳子将自己绑在树上。

天空就像漏了一个大洞，暴雨从空中不停地落下。直到8月2日，仍然没有要停的趋势。孟加拉全国地势平坦，在首都附近，甚至连一座像样的小丘陵都没有。人们只能和不断上涨的洪水作斗争，竭尽全力地向屋顶等高处攀爬着。结构不良的房屋在洪水冲击和人群的重压下坍塌下来，把灾民抛入滚滚的洪水中。人们的哭声、呼喊声连成一片。许许多多的人被洪水吞没，亲人们完全被洪水冲散。各种牲畜也被淹死，尸体漂浮在洪水中，所有房屋基本都被淹没了，就连农田、道路和桥梁也没有逃脱被洪水冲毁的命运。这次洪水一直延续到9月初，全国5/6的县遭受了水灾。

雨越下越大！

水灾之后痢疾流行于孟加拉国

孟加拉国在遭受了特大洪水之后，又出现了痢疾这种流行性疾病。痢疾是一种病毒，我们都知道感染了痢疾病毒，就会腹痛、腹泻并伴有全身中毒等症状。有的人被感染后没有免疫力，病好了还会再次复发，它就是这样反反复复折腾人的疾病。在一年的任何一个季节都能够发生痢疾，痢疾病人都是传染源，由于痢疾轻性、慢性占大多数，很容易被忽视，所以当大多数人都传染上此病时，才发现覆盖面已经特别广了。

又拉肚子了！

那引起痢疾的原因是什么呢？首先是洪水造成了许多人的直接伤亡，使得尸体以及伤口成为痢疾杆菌生长和繁殖的理想场所，这样菌源可以顺利产生；其次就是洪水造成了许多人身体素质下降，导致对病菌的抵抗力下降，容易感染病菌，造成痢疾这种传染病的大面积暴发；还有就是季节原因，像孟加拉国的水灾都是发生在降水较多的季节，而降水较多的季节一般空气流动性都比较强，这就使病菌的传播途径更广泛，传播速度更快。传染上痢疾的灾民，本来在遭受洪水之后就居无定所，再加上强烈脱水，逃脱了洪水并没有逃离死亡。

1987年孟加拉国的洪水本来已经带来了巨大损失，再加上灾后数十万人感染痢疾，更使得这个国家惨不忍睹。自然灾难真是让人防不胜防啊！

我感到地在摇晃，地面裂开个大缝

令人无法忘却的汶川大地震

地震，是地球上经常发生的一种自然灾害。轻微的地震可以使地面震动；剧烈的地震则会使地面像海上的船只一样摇晃，甚至裂开；而威力最强的地震能使山体移动、河流改道，还可以将整座城市埋入地下。想一想如果遭遇了大地震，安静的世界会突然变得地动山摇，这实在是太恐怖了！

无情的地震降临汶川

2008年5月12日，生活在我国四川省汶川县的人们同往常一样工作、学习和生活着，谁也没有想到一场大灾难即将降临。

下午14时28分，大地开始上下左右颤抖，许多树木和房屋禁不住地震的摇晃，在短短的几秒钟之内陆续倒塌。刚刚还在自由活动的人们，下一秒突然就被埋在了倒塌的房屋之下。有的人可能还没来得及想要做什么，就在不知不觉中离开了世界；有的人被压在了房子底下，身上都被泥土盖着，浑身上下都是干涸的血迹，强忍着一口气等待救援。

救命啊！

这场大地震来得太突然，很多学生正在课堂上上课。当地震来临的那一刻，很多人民教师用自己的身躯挡住身下的学生。学生的生命保住了，可是老师的身体却被砸得看不出原有的样子。

当地震发生之后，四川地区所有通讯信号都中断了，周围的人们想尽各种办法来到现场进行搜救。可是无论人们多努力，依然改变不了这场灾难带来的损失：无数人和亲人失散，无家可归；从空中向下望去，一片片倒塌的房子，数以十万计的人埋在倒塌的房屋下面。有的人就此长眠于地下，在这些人之中，有上千人都是正在学校读书的学生，谁也没有想到地震这么的无情！

地壳板块撞击引起了地震

大地震震中在汶川县映秀镇附近，当时大半个中国以及很多的亚洲国家和地区都能够感觉到震动，不得不说汶川地震的波及面真的很广。那么为什么汶川会发生地震呢？其实地球有很多层，就像一个大洋葱，在最中心的是地核；中间层是地幔；最外层是地壳。地壳由许多大小不同的部分组成，我们就把这些部分叫做板块。板块并不是固定的，它们之间会发生撞击，因而就产生了地震。

地震时，上下左右的剧烈晃动会将你甩向任何一个方向。其实这样的晃动是一种复杂的运动方式，它是由横波和纵波共同作用的结果。横波可以使地面水平晃动，它的传播速度很慢，消失得也很慢；纵波是使地面上下晃动的波，它传播的速度快，消失的速度也很快。所以当地震发生时，你周围的一切才会上下左右的晃动。

动物真的可以预报地震吗

很多动物的听觉能力都高于人类，像猫、狗能够听到的声音，人的耳朵未必能够听到，那么如果人无法感知地震来临之前的异常，动物能否感知到呢？很多人都说蛇能觉察地震，是因为它们能够嗅出地震前地下所释放出来的碳氢化合物的气息；狗能以不停的叫来预报地震，是能听见地震开始时所发射出来的超声波。其实用动物来预测地震并不是非常准确和科学的，因此早在20世纪90年代初地震台基本上就不用动物来预测地震了。

破坏力度如此大的汶川地震

我们都知道，汶川地震破坏力很大，其实这次地震是我国大陆内部地震，属于浅源地震。它发生的机会很大，并且释放的能力很高，是地震灾害的主要制造者，同时对人类的影响最大。

挤！挤！我挤呀挤！

不要挤啦！

每一年全球都会发生很多次地震，像会造成大地裂缝、房屋损坏这种情况的地震每年要发生10次以上，而会造成房屋多处损坏并且地下管道破裂的仅仅1~2次。我们国家主要受印度板块和太平洋板块推挤，地震活动比较频繁。一般在地震带上的地区发生地震的概率都非常的高，而汶川就在地震带上，所以发生如此大破坏力的地震也是很正常的了。

如果要辨别地震的破坏程度那就要看地震的震级和烈度了，震级越高，震源越浅，烈度就越大。比如这次汶川地震8级，破坏的力度就更大了，很多的楼房都相继地倒塌，地面会出现很大的裂缝。每次地震都会释放出很大的能量，但是能量又不可能在一次地震中完全被释放出来，所以就会出现一次次的余震，借着余震再释放剩下的能量。因此在汶川大地震之后，又接连发生了很多次的余震，而余震为这场灾难带来了更多的损失。

风吹过，屋顶不见了……

"撕碎" 物体的 龙卷风

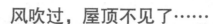

在自然界中，什么东西能像陀螺一样旋转，能够发出像狮子一样的怒吼，还能把房屋"撕成"碎片？正确的答案是龙卷风。龙卷风是一种猛烈的、漏斗状的风暴，它总是从雷雨云上旋转而下。如果龙卷风在你附近旋转，千万不要到它的周围去观察，因为它会撕裂许多东西，更可怕的是没有人能够知道它接下来要去哪里。

壮观而可怕的龙卷风

我们都知道，龙卷风是一种灾害性的空气漩涡，由于发生的时候像从水中蹿出的蛟龙，因此而得名。当然，它还有"龙倒挂""龙吸水"等别称。

其实龙卷风喜欢出现在夏天的雷雨天中。由于那样的天气很不稳定，因此两股空气就发生对流运动。它们之间会不停地摩擦，从而形成空气漩涡。漩涡形成之后会不断地旋转，并且速度也会越来越快，最终就形成旋转的漏斗状云层。云层看起来就像从雷雨云上垂下来的大象鼻子，当它接触到地面的时候，就形成了龙卷风，并开始移动。龙卷风是一个猛烈旋转的圆形空气柱，它的上端与雷雨云相连，下端悬挂着空气。它具有很大的吸吮能力，能够把海水和海中的动物吸离海面；也能够扬起陆地上的沙尘，卷走高大的树木和房屋，因此看起来壮观而可怕。

生命周期短暂的龙卷风

世界上任何的事物都有它的生命周期，就像我们人类，有出生也就有死亡，当然龙卷风也不例外。龙卷风的生命周期其实很短暂，一般就能维持几分钟或者是一两个小时。由于发生时波及的范围不大，所以人们总是无法准确地预报出它出现的时间。

从风暴的强烈程度来看，强度最大的风暴并不是龙卷风。但从影响范围上看，就不得不提龙卷风

我刚盖的新房子啊！

了。哪怕是很小的龙卷风，它包含的能量都是巨大的。因此只要出现龙卷风，就意味着出现大麻烦。如果你不走运，遇到了龙卷风洪流——它们有时候会成群结队地来，足足有几十个，那样就更加危险了。

在世界上，美国是龙卷风造访次数最多的国家，由于它总是带着巨大的力量突然袭击，所以无论是对人类的生命还是建筑，其毁坏能力都是无法估量的。

龙卷风到底有多厉害

在1997年5月28日晚上，美国得克萨斯州的加瑞尔镇遭遇了10年以来最严重的龙卷风袭击。短短5分钟的龙卷风袭击，使小镇变得千疮百孔、满目疮痍。

下午3点15分，悲剧开始，那时的龙卷风刚刚着地。天空顿时变暗了，然后像漏斗似的龙卷风就从天而降，所有的人都惊恐万分。从远处看，感觉龙卷风就只有几厘米高，然后迅速地漫过地平线。随着龙卷风越来越近，附近的建筑物差不多都飞了起来，一辆辆汽车被扔得到处都是。在1000多米的地域内，龙卷风造成

被龙卷风"拔掉"的鸡毛

一般情况下，经历过龙卷风后还活着的生物是很少的。因为我们都了解，龙卷风的摧毁之力实在是太强大了。可是有只鸡在经历过龙卷风之后，仍然还活着，不过它身上的毛都没有了，这是为什么呢？有一些科学家将这种现象归因于大气压。当鸡突然置身于龙卷风的低压中心时，鸡毛内的空气压力就高于外部气压，使得鸡身上的鸡毛脱落下来。还有人认为是强劲的龙卷风把鸡毛吹得全部脱落，无论怎样这都是个不可思议的事！

倒霉的车！

了巨大的破坏。

可恶的龙卷风没有任何征兆就席卷过来，并且夺走了32条性命。在这个仅仅有400人的小城，可以说几乎每一位幸存者都认识这些遇难者。在死去的人中，很多人生前都是坐在汽车里，或是待在被摧毁的房子里。地上、田野上都遍布着牲畜的尸体，它们是在吃草的时候被"杀"的，整个小镇都被龙卷风撕碎了。这次龙卷风带走了很多鲜活的生命，只留下了倒塌的房屋、断成几截的墙壁。幸存者们都在绝望地寻找他们的亲人，绝大多数人都失去了房子，也失去了曾经拥有的一切。

雪好白啊！

白茫茫的世界，好美……

侵袭秘鲁的 "白色妖魔"

冬天来临的时候，雪花会一片片降落到大地和高山上，使它们银装素裹。雪在我们的眼中是纯洁美丽的，恐怕世界上任何的事物都没有办法和它比。可是，美只是雪喜欢示人的一面，当大片的雪形成雪崩的那一刻，它美丽背后的恐怖就显露出来了。领教过雪崩威力的人更愿意称它为"白色妖魔"。的确，雪崩的冲击力量是非常惊人的，它极快的速度和巨大的力量能够卷走眼前的一切，包括人的生命。

喜欢突然出现的雪崩

当白色的雪覆盖了整座大山之后，它并不会像土壤那样安逸地待在山上。由于积雪内部的内聚力抵抗不了重力牵引，它就会大量

呼呼地往下滚！

地向山下滑动。冰雪下滑的速度很快，一般12级风的速度为32米/秒以上，而雪崩却能达到每秒近百米的速度，因此雪崩比猛兽还要恐怖。

雪崩都是从宁静的、覆盖着白雪的山坡上部开始的，在它发生前一般不会表现出任何的异样。不知什么时候，雪层就会咔嚓一声出现一条裂缝，紧跟着巨大的雪体便开始滑动。雪体在向下滑动的过程中，会像滚雪球一样，增大体积的同时迅速获得了速度。于是，雪体变成了一条几乎是直泻而下的白色雪龙，腾云驾雾，呼啸着声势凌厉地向山下冲去。

世界上每年都会发生成千上万次的雪崩，而每次都会有很多人因此离开这个世界。

我的家被埋了！

先于雪崩之前发生的地震

在南美洲的西部，有一个多山的国家，它的名字叫秘鲁。在那里山地的面积非常大，约占秘鲁国家面积的一半以上，而世人皆知的安第斯山脉的瓦斯卡兰山峰就矗立在此。山峰的山体坡度很大，并且山上总是常年积雪，所以"白色妖魔"总喜欢光临。那里曾经发生了一场巨大的雪崩，它将瓦斯卡兰山峰下的容加依城全部摧毁，使两万居民失去了鲜活的生命。

灾难发生在1970年5月31日晚，由于秘鲁当时十分寒冷，很多人都早早躺下，进入了甜美的梦乡。在20时30分左右，突然从远处传来了雷鸣般震耳的响声，紧接着大地开始剧烈地颤抖，不一会儿，又传来了天崩地裂般的响声，由于响声太大，把睡梦中的人们都惊醒了。人们并不知道到底发生了什么事情，可是房屋已经开始东倒西歪、坍塌下来了。这时，人们才意识到地震已经降临。可是大家还未来得及逃离，就被压在倒塌的房屋之中……

快来，这儿有人！

巨大雪崩的暴发

刚刚遭遇地震厄运的容加依城人，在悲伤中寻找着亲人。有的人正准备逃跑，因为实在太害怕灾难再次发生了。就在这时，一股巨大的冲击气浪迎面袭来，将人们全部扑倒，同时，巨大的冰雪巨龙呼啸而至。由于速度过快，形成了非常大的空气压力，人们还没来得及逃跑，就被压在冰雪之下，一层层的雪又使许多人窒息而死。

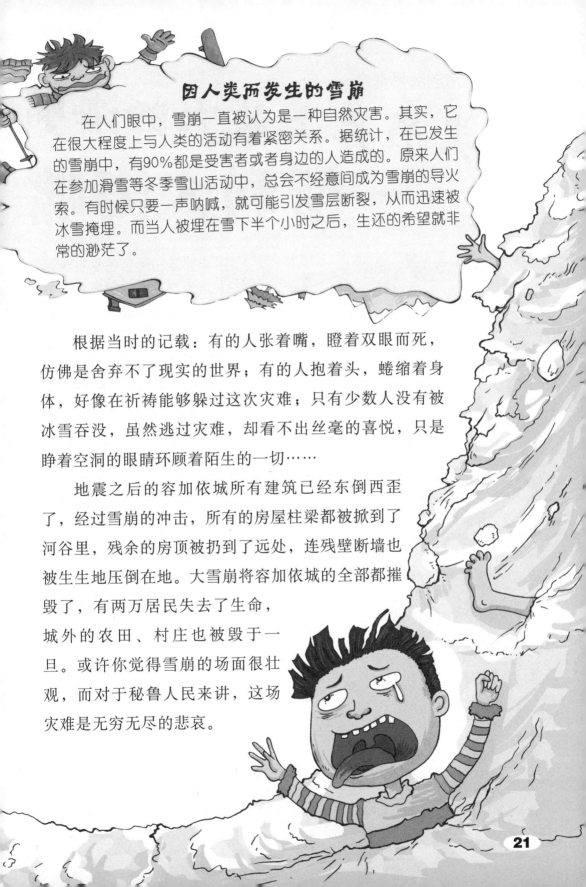

因人类而发生的雪崩

在人们眼中，雪崩一直被认为是一种自然灾害。其实，它在很大程度上与人类的活动有着紧密关系。据统计，在已发生的雪崩中，有90%都是受害者或者身边的人造成的。原来人们在参加滑雪等冬季雪山活动中，总会不经意间成为雪崩的导火索。有时候只要一声呐喊，就可能引发雪层断裂，从而迅速被冰雪掩埋。而当人被埋在雪下半个小时之后，生还的希望就非常的渺茫了。

根据当时的记载：有的人张着嘴，瞪着双眼而死，仿佛是舍弃不了现实的世界；有的人抱着头，蜷缩着身体，好像在祈祷能够躲过这次灾难；只有少数人没有被冰雪吞没，虽然逃过灾难，却看不出丝毫的喜悦，只是睁着空洞的眼睛环顾着陌生的一切……

地震之后的容加依城所有建筑已经东倒西歪了，经过雪崩的冲击，所有的房屋柱梁都被掀到了河谷里，残余的房顶被扔到了远处，连残壁断墙也被生生地压倒在地。大雪崩将容加依城的全部都摧毁了，有两万居民失去了生命，城外的农田、村庄也被毁于一旦。或许你觉得雪崩的场面很壮观，而对于秘鲁人民来讲，这场灾难是无穷无尽的悲哀。

海潮涨得真高……

人类历史上最大的海啸
——智利大海啸

海啸，是一种伴随着巨大响声的海浪。不过不同于海浪，它的破坏力实在是太强大了。海啸都是由风暴或者地震引起的，它通常携带着巨大的浪涛，犹如奔跑的猎豹，上下起伏不定。有时候大的海啸可以达到几十米的高度，从远处看就像一堵坚实的"水墙"，还能够摧毁陆地上的一切。而人类历史上最大的智利海啸，能够移动上万千米仍不减雄风，足见它的巨大威力。

啊，救命啊！

上帝创造世界后的 "最后一块泥巴"——智利

找打哦!

智利是一个地形十分特殊的国家，或许因为它是"最后一块泥巴"的缘故，所以这里的地壳总不那么宁静。关于"最后一块泥巴"还有一个很有趣的故事：相传，上帝用泥巴创造世界的时候，剩下了最后一块宝贵的泥巴。由于舍不得丢弃它，就随手将它抹在了南美洲的西部，于是就形成了南北长4270千米、东西宽90～435千米的智利。

智利地处太平洋板块和南美洲板块互相碰撞的地带，并且处于环太平洋火山活动带上。这样的地质结构使它的地表非常的不稳定。自古以来智利就是火山不断喷发、地震频频发生、海啸时时出现的地方。特别是海啸，总是时时造访智利和太平洋东岸的一些海滨城市，那里人们的生活总是不断受海啸的干扰，生命安全更是没有任何保障。

地震先于海啸降临智利

1960年5月，海啸再次降临到了智利。那是5月21日凌晨，在智利中南部蒙特港附近海底发生了世界地震史上最强烈的地震。智利在这次地震的袭击下，建筑物和房屋有的被震裂，有的则被震塌，变成一片废墟。向四周望去，

抓紧了!

再见了，主人!

啊，救命啊!

整个城市都是混凝土制造的柱子、机械的残骸以及七零八碎的电线杆……

在经历地震之后，从灾难"魔爪"中逃出来的人们并没有离开废墟，他们努力寻找着亲人，希望通过自己的努力，给亲人生存提供一丝一毫的希望。而躲在海边的人们幸运地避过了灾难，他们很开心自己没有被死神捉走。可是谁也没有料到，真正的灾难才刚刚开始上演。

一场灾难的结束，又一场灾难的开始

大地震之后，海水迅速退落，露出了从来没有见过天日的海底，很多鱼、虾等海中动物在海滩上不断蹦跳着。这时候，有经验的人们已经感觉到了不正常，开始纷纷向山顶跑去，因为真正的劫难即将发生了。

大约过了十几分钟，海水突然开始上涨，整个海洋顿时变得波涛汹涌，奔腾的海浪犹如一匹匹骏马向智利和太平洋东岸的城市、乡村袭击而来。那些留在广场、港口、码头和海边的人们还没有弄明白到底怎么回事，便被巨浪所吞噬。由于巨浪的力量实在太大，

在这场灾难中想求生，实在是难上加难。所有的一切就像变魔术一样，立即被波涛汹涌的海洋所覆盖。海边的船只、港口和码头的建筑物也被巨浪击得粉碎，到处漂着它们的"尸体"……

转眼，巨浪又迅速退去。它所经过的地方，能带走的都被潮水席卷走了。海滩上一片狼藉，留下了许多还未被海涛带走的滞留物。浅滩中漂浮着倒塌的建筑碎片、船舶遗骸，还有许许多多人和牲畜的尸体。

海潮如此一涨一落，这样反复持续了好几个小时。包括智利在内的很多城市刚被地震摧毁变成了废墟，又再次遭遇海浪的袭击。那些被掩埋于废墟中没有死亡的人们，还没来得及逃出，就被汹涌而来的海水淹没了。在港口的几艘大船上，有数千人因地震在此避难，但随着大船被海啸击碎，人们顿时就被浪涛全部吞没，无一人幸免。太平洋沿岸以蒙特港为中心，南北800千米，无一例外，几乎被洗劫一空。

就这样，智利大海啸被作为典型的特大灾难，记录在历史的长卷中，时时刻刻向人们"展示"着灾难的无情和可怕。

妈呀，这浪好高啊！

海啸后，河马与乌龟成了"忘年交"

1岁的小河马与130岁的乌龟相互依靠，共同生活在一起，这多少让人觉得不可思议。在非洲的一个公园中，就生活着这样一对"忘年交"。2004年末，肯尼亚暴发的洪水淹没了河马的栖息地，而紧接着印度洋的海啸，将一头仅仅一岁的河马冲进了印度洋，最后被人们发现并救了起来。被救后，成为孤儿的小河马与公园中的百年大海龟"一见如故"。不久之后，它们便形影不离，相依相伴。这段"忘年交"还被拍摄成纪录片传遍全世界，成为人类都感动的故事。

泥浆从坡顶冲下，四处流浪……

吞噬一切的 泥石流

提 起泥石流，你一定会想到大量的泥沙、石块等固体物质在重力和水的作用下，沿着斜坡突然流动的景象。它就像可怕的猛兽，不但体积庞大，而且"奔跑"迅速，在短短的时间内就能够吞噬一切，并造成巨大的损失。1985年发生在哥伦比亚的特大泥石流，就是这样的残忍和绝情。

1985年火山喷发带来的猛兽

在南美洲哥伦比亚的阿美罗地区，有一个叫做鲁伊斯的火山。谁也不会想到，这个被认为将不会有任何"举动"的"死火山"，竟然有一天会"发怒"，并带来了更可怕的"猛兽"——泥石流，从而给阿美罗地区带来了巨大的灾难。

1985年11月13日夜晚，11点的钟声刚刚敲过之后，鲁伊斯火山就开始不断地喷出炙热的岩浆。由于温度太高，将山上累积多年的积雪融化，它们顺着山脉向下流淌，在流动的过程中不断积累着泥沙和碎石。如此庞大的泥石流犹如脱缰的野马，向山下奔腾而来。顿时鲁伊斯山附近的3条河流就全部被泥浆覆盖，并且溢出河床，形成了一片黏稠的汪洋。

可怕的泥浆、碎石汇成的洪流很快就向阿美罗袭来。当地居民由于白天的劳累，早已进入了梦乡。所以很多人在还没弄清楚到底发生了什么事情的情况下，就葬身在10多米深的泥浆浊流中。无情的泥石流根本不给人们反抗的机会，它将房屋冲倒了，卷走了牲畜，毁灭了阿美罗几代人努力建造的家园。在短短的8分钟时间里，泥石流就吞没了阿美罗，往日幸福安逸的小城变成了一片泥石

流的汪洋。一个原本充满生机的小镇，瞬间即在地球上消失得无影无踪。那里的两万多居民也在这一瞬间成为大自然的牺牲品，幸存者寥寥无几。

不会被泥石流打倒的坚强女孩

可怕的灾难之神并不仅仅"独爱"阿美罗，它还以极快的速度向四周扩散。一会儿，奔腾的泥石流扑向了附近的村落，农田、林区、工厂等各种公共设施都遭到了大程度的破坏，受灾面积以迅雷不

快上来！

我的鞋掉了！

及掩耳之势般扩大。这场泥石流夺去了2.5万人的生命，5000多人受伤，5万人无家可归，13万人成为灾民。

不要怕！

大灾过后，受灾地区一片凄惨，阿美罗地区已成为一片泥浆沼泽，只有极少数较高的建筑和教堂的尖顶露在泥浆沼泽外。为数不多的人趴在树上和山丘上，等待救援。泛滥的河水中夹杂了碎石，上面漂浮着一具具尸体。一位到达现场采访的记者发现一个叫奥马伊拉的12岁小姑娘，她被两座房脊卡在中间，脊椎被砸伤，已经在泥浆中浸泡了数十个小时。可是疼

呼啦！呼啦！

发生时间最短的泥石流

我国台湾省高雄县的小林村曾经发生了一次特大的泥石流。泥石流排山倒海般倾泻而下，才短短的5秒钟，整个小村就被完全掩埋。据获救的村民介绍，村里状况很惨，全村瞬同被泥石流掩埋。由于村子小，泥石流严重，全村房舍已在"地图"上消失。直升机前往灾区救出了44人，但是他们并无劫后余生的喜悦，因为绝大多数村民都被泥石流活埋了。确实，在小林村的1300多人中，只有150多人躲过这一劫难，其他的人都随着房屋的坍塌而离开了世界。

痛和悲伤并没有将这个女孩打倒，她坚强地等待救援。虽然不知道亲人是否还在这个世界上存活，她依然坚定信念要坚强地活下去。等救护人员赶到的时候，她已在泥浆里浸泡了60多个小时了。虽然小女孩接受了治疗，但还是失去了生命。泥石流是可怕的，可是她的这种永不放弃的精神是值得所有人去学习的。

比洪水破坏力更大的泥石流

洪水已经同野兽一般可怕了，而泥石流的威力要比洪水大得多。我们都知道泥石流就是一股泥石洪流，一般都是瞬时暴发的，并且发生于火山多发的地区。由于它流速快，流量大，破坏力极强，一旦发生，常常会冲毁公路、铁路等交通设施，因此给人们带来巨大的损失。

现在，人们为了自己眼前的利益，乱砍滥伐，因此增加了泥石流发生的可能性，世界上有很多国家都已经存在泥石流的威胁。由于生态环境不断遭到破坏，泥石流造访人类的次数也越来越多了。其实大自然并不是可怕的，只有在人们伤害它时，它才会用"行动"提醒人类。所以，我们应该付出行动，尽量避免这种悲惨的事情发生。

恐怖的黑色魔鬼
——北美黑风暴

黑风暴是黑色的风暴吗？其实它只是沙尘暴的一种。它的发生同龙卷风极为相似，都是由于局部地区低气压造成的。不过不同于龙卷风的是，黑风暴往往挟着大量的沙土，并且影响范围也远远大于龙卷风。北美洲一直是世界上黑风暴灾害最为严重的地区之一，而1934年发生在美国西部的这场黑风暴也是近300年来危害最大的一次了。

救命啊，我刚买的新车啊！

小样儿，看你往哪儿走！

恐怖 "黑色魔鬼" 的降临

树都没啦!

1934年5月11日凌晨, 一场人类历史上最大的黑风暴袭击了美国西部草原。当时的美国已经处于晚春, 天气正在一点点变热, 长时间的阳光照射将大地晒得滚烫。因此, 在离地面最近的地方, 气温不断升高, 从而形成了一个个低气压中心。同时周围的冷空气又开始迅速涌进, 与热空气产生了剧烈的对流, 这些对流冲击着沙土直上天空。此时, 一个可怕的黑色魔鬼——黑风暴诞生了。只见草原的上空, 黑色狂风遮天蔽日, 并且夹杂着大量的泥沙, 迅速地扩大并不断蔓延开……

这场黑风暴刮了3天3夜, 在这期间人们完全分不出白天与黑夜。它形成了一个东西长2400千米, 南北宽1440千米, 高3400米高速移动的黑色风暴带, 凡是它经过的地方, 河水断流, 水井干涸, 大地龟裂, 植物枯萎。本来就遭受旱灾的小麦大片枯死, 很多牲畜因为没有水活活地被渴死。人们眼睁睁地看着黑色的狂风毁坏身边的一切, 却没有半点能力阻止。由于生活环境完全被毁, 数千万人流离失所。风暴从未停止它的残暴掠夺, 它还刮走了肥沃土地上的土壤表层, 露出贫瘠的沙质土层, 彻底改变了土壤的结构, 从而阻碍了灾区以后的农业发展。这就是历史上有名的灾难——北美黑风暴。

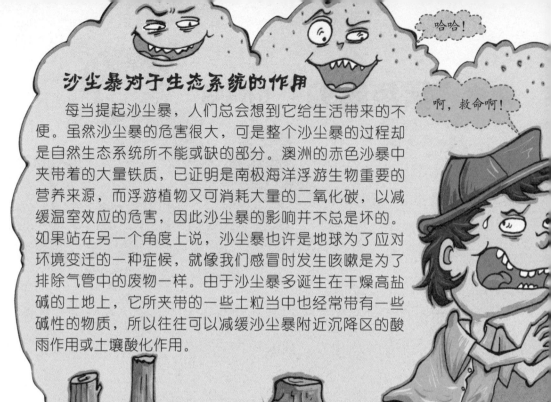

沙尘暴对于生态系统的作用

哈哈！

啊，救命啊！

每当提起沙尘暴，人们总会想到它给生活带来的不便。虽然沙尘暴的危害很大，可是整个沙尘暴的过程却是自然生态系统所不能或缺的部分。澳洲的赤色沙暴中夹带着的大量铁质，已证明是南极海洋浮游生物重要的营养来源，而浮游植物又可消耗大量的二氧化碳，以减缓温室效应的危害，因此沙尘暴的影响并不总是坏的。如果站在另一个角度上说，沙尘暴也许是地球为了应对环境变迁的一种症候，就像我们感冒时发生咳嗽是为了排除气管中的废物一样。由于沙尘暴多诞生在干燥高盐碱的土地上，它所夹带的一些土粒当中也经常带有一些碱性的物质，所以往往可以减缓沙尘暴附近沉降区的酸雨作用或土壤酸化作用。

超强的沙尘暴就是黑风暴

当一个地区气候干旱、植被稀少的时候，就有可能发生沙尘暴。沙尘暴发生的时候通常会伴有很大的风，而黑风暴就是沙尘暴的一种。黑风暴是一种超强的沙尘暴，它是由强烈的大风和高密度的沙尘混合而成。当它出现的时候，狂风会将沙尘吹成一堵坚实的"墙"，由于发生时周围能见度极低，就像黑天一样，因此被称为黑风暴。

黑风暴一般喜欢在春夏交接之时出现，虽然它的形成与自然有关，但是也离不开人类的众多行为。20世纪30年代以来，黑风暴便多次侵袭美国。它不但刮走了大量的土壤，还严重地影响了人们的生活。很多时候，人们在迫不得已的情况下只能远离家乡，留下的只是被风暴侵蚀过的凄凉。

大自然的惩罚——北美黑风暴

为什么会出现如此猛烈的黑风暴？原来这是大自然对人类的惩罚。为了更好地生活，人们不惜破坏身边的环境，对土地大肆开垦，对森林不断砍伐。从而导致了土壤风蚀和连续不断的干旱，土地沙化的现象更是越来越严重。当人类对自然界越来越不尊重时，大自然也就作出了反应。

如果人类总是这样一意孤行，不考虑自然存在的意义，那么大自然就会用它的行动提醒人类要按照客观规律办事。也就是说，人类在向大自然不断索取的同时，还要自觉地保护好自己赖以生存的生活环境。北美黑风暴带来的灾难时刻在提醒着我们：尊重自然的同时，也在尊重自己！

我的新家啊！我要住到哪儿啊？

天好热啊，真想到北极去滑冰……

快要将人"烤焦"的热浪

> **每**当提起寒冷，人们就会毛骨悚然，大家都会觉得过低的气温会将人的手脚冻坏。虽然夏天的温度很高，但是并不会像寒冷那样直接伤害人的身体。可是，谁也不会想到，炎热也能带来意想不到的灾难。

发生在芝加哥的特大热浪

芝加哥是美国的第三大城市，同时也是美国文化、金融等行业的交易中心。在1995年7月12日至19日，它却遭遇了特大热浪的袭击。当时人们身体感受到的温度最高达41℃，这些和潮湿污浊的空气混合在一起的热浪，在短短一周之内就造成了700多人死亡。

热浪带来的影响实在是太大了，在开始的时候人们都争相购买空调，都希望以此来降温。后来空调脱销了，人们又涌向游泳池。随着时间的推延，人们显得越来越脆弱，同时正常的生活秩序完全被打乱了。在校车开往学校的路上，由于温度过高，很多孩子在车上中暑；在街道上，疯狂的人们开始打开街道上的消防栓，以喷出的水来降低自身的温度。这样的降温方法导致了城市中很多地方的水压急剧下降，多处停水，有的居民楼停水达3天之久。同时，电力公司系统崩溃，很多地方没有了电。

等到了7月14日，连续3天的高温使很多人都病倒了。救护车和急救用的警车、救火车在城市里穿梭着，很多急诊室满员，救护车不得不载着病人寻找还能接收病人的医院。有些独居的老人在不为人知的情况下孤独地死去，直到身体腐烂的味道蔓延出来才被发现。暴增的死亡人数给验尸和停尸的机构带来了巨大的压力，载着尸体的警车在停车场里面排成了队。存放尸体的冷库满员，后来还有一个当地的肉产品运输公司支援了几辆冷藏车给停尸房存放尸体用。因为这场热浪，芝加哥曾一度被称为"死亡城市"。

被热浪袭击的幼儿园

在芝加哥这座城市中，有一个名为奥蒂茨的妇女，她在自己家里开设了一个小型的幼儿园。热浪发生后不久，人们并没有意识到会有灾难降临，因此她开着自己的大客车，带着10个孩子去一个有着空调的电影院看电影。看完电影后便开着车送孩子们回到幼儿园。由于当时温度很高，每个人都已经筋疲力尽了，孩子们很快就进入了午睡状态。一个半小时后，她回到车中准备去接其他孩子，当她打开车门时才发现，有两个男孩被遗忘在了车上，而他们已经死于高温了。

这样的惨剧在短短的几天之内不停地上演，城市中很多停尸房已经没有了床位。很多尸体被散放各处，虽然已经做了死亡诊断，但因为找不到亲属一直无人认领。很多辆冷藏车停在停尸房的车场，它们被警车、新闻车、殡车、私人车所簇拥着。这些情景出现在电视画面和报纸图片上，传遍了整个世界。热浪还加剧了长达一年的干旱，摧毁了整个芝加哥的农业，长期干旱的天气导致了当年夏天横扫黄石国家公园和美国总统山的一场野火，成千上万的人死于各种因酷热导致的疾病。

啊，魂儿走了！

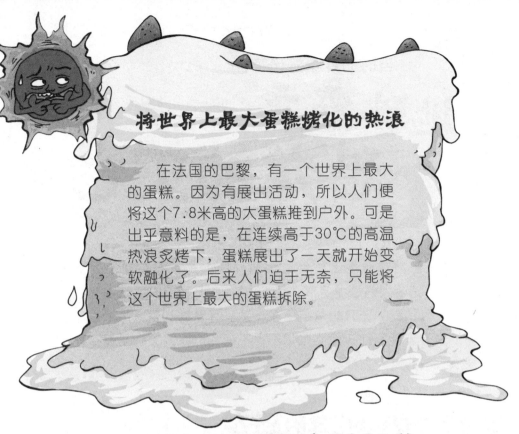

将世界上最大蛋糕烤化的热浪

在法国的巴黎，有一个世界上最大的蛋糕。因为有展出活动，所以人们便将这个7.8米高的大蛋糕推到户外。可是出乎意料的是，在连续高于30℃的高温热浪炙烤下，蛋糕展出了一天就开始变软融化了。后来人们迫于无奈，只能将这个世界上最大的蛋糕拆除。

高温并不全是热浪引起的

在人们眼中，温度过高就会引发热浪，那么高温就等于热浪吗？其实不是这样的。当天气长期保持过度的炎热，并且伴随着很高的湿度时就会形成热浪，它通常会与地区相联系。同样的高温对于一个较热的地区来说是正常的温度，而对一个通常较冷的地区来说可能就是热浪。高温一般不会引起人的死亡，而热浪却不同于高温，由于带有很强的湿度，体质差的老人很容易因为受不了热浪而死亡。

形成热浪的直接原因是天气中出现反气旋或高压脊现象，而反气旋导致气候干燥，所以所有的热浪都会导致气温升高，并且湿气不会减少。高温同热浪是互为因果的关系，高温就是热浪的结果，热浪是高温的原因。所以不是所有的高温都是热浪引起的。

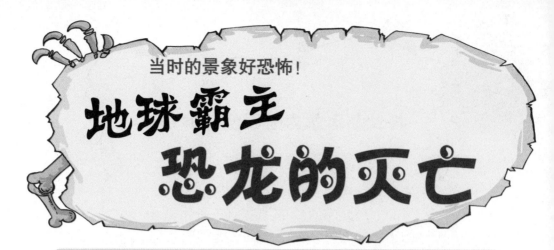

当时的景象好恐怖！

地球霸主
恐龙的灭亡

要说到地球陆地上曾经最大的动物，那就一定非恐龙莫属了。最大的恐龙身高达到10多米，而我们人类站在它们的脚下，恐怕就和一只蚂蚁差不多大了。可是这样巨大的动物，也会消失得无影无踪，因此我们不得不说，恐龙的灭亡是整个地球发展史中的重大灾难。

统治了地球1.6亿年的恐龙

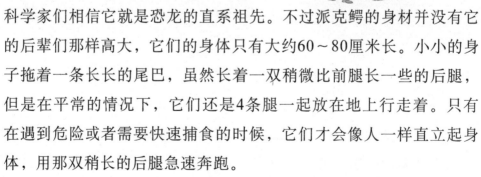

呀！我来啦！

大约在2.5亿年以前，那时候的地球上还是一片温热，巨大的蕨类植物遍布世界上的每一个角落。而恐龙的祖先，就是诞生在这样的世界里。当时有一种叫做派克鳄的爬行动物，科学家们相信它就是恐龙的直系祖先。不过派克鳄的身材并没有它的后辈们那样高大，它们的身体只有大约60~80厘米长。小小的身子拖着一条长长的尾巴，虽然长着一双稍微比前腿长一些的后腿，但是在平常的情况下，它们还是4条腿一起放在地上行走着。只有在遇到危险或者需要快速捕食的时候，它们才会像人一样直立起身体，用那双稍长的后腿急速奔跑。

随着时间的推移，这些派克鳄和它们的亲属就进化成了恐龙。然后又经过几百万年的演化，恐龙的身体更加高大，种类也渐渐地增多了。它们已经不再局限于一个地区生活，开始将足迹蔓延到地球上的每一个角落。在天空中，有长着坚硬的嘴巴，像蝙蝠一样飞行的翼龙；在海洋里，有像海豚一样长着长长嘴巴的鱼龙和有细长的脖子、体形却和乌龟很相似的蛇颈龙；而在陆地上，则有地球上最大的陆生动物巨体龙和凶残的霸王龙等等。在当时的地球上，恐龙家族们繁荣昌盛，直至6500万年前的物种大灭绝，它们统治了地球长达1.6亿年的时间。

蜥脚类恐龙盛行 "快餐文化"

在动物界中有着这样一个定律，就是体型越大的动物，在进食上花费的时间就越多，就好比现在的大象，它们每天要吃上18个小时才能满足身体需求，那么如此一来，比大象要大得多的蜥脚类恐龙，要怎样进食才能满足自己身体的需求呢？科学家经过研究得出了结论，蜥脚类的恐龙之所以能长成那么大的身体，完全得益于它们的"快餐文化"——首先，这些蜥脚类恐龙在进食的时候只吞不

好可怜的恐龙啊！

小草，真好吃！

嚼，这样一来，就大大缩短了进食时间；其次，由于蜥脚类恐龙的身躯巨大，每天都需要大量的热量来提供给身体的各个器官，因此它们吃的是一种含热量非常高的木贼属植物，但是这种植物含有大量的硅酸盐，对牙齿的磨损相当大，所以恐龙只吞不嚼对牙齿有着很好的保护；另外，有咀嚼习惯的动物需要强有力的白齿和肌肉组织，这样一来，就不可避免地将导致头

骨变大。而只吞不嚼的习惯让蜥脚类恐龙的头部相对较小，有利于颈部变长，从而更利于四处觅食，吃掉更多的食物，以此来保证自己的身体需要。因此，这些高大的恐龙就是依靠这种方式生存在那个遥远的年代，直到灾难的到来。

来自外太空的恐龙终结者

曾经统治了地球上亿年的恐龙为什么会突然灭绝了呢？科学家提出了各种各样的假设和猜想，其中有一个主要观点就是"陨石（小行星）撞击说"。按照这种说法，在6500万年以前的某一天，当地球还沉浸在一片安详和谐的气氛中时，突然一道刺目的亮光划过天空，那是一颗直径大约10千米左右的小行星，面积甚至比一座小县城还要大。这颗巨大的天外来客并不是带着友好的态度来访问地球的，而是用一种比声音还要快100多倍的超高速一头扎进了大海之中，在海底撞出了一个直径超过100千米的巨大深坑。不仅如

此，这次猛烈的撞击还引发了比汶川大地震还要厉害百倍的强烈震荡，几乎使地球的每一个角落都在不停地摇晃。

随后，强烈的地震掀起了高达5000米的大海啸，无情的海水横扫向陆地，冲毁了一切。无数巨大的植物被连根拔起，数以亿计的动物在海水中扑腾挣扎着。与此同时，陨石的撞击还引发了强烈的火山和地壳活动，在大规模的火山喷发中，大量的火山灰被抛向空中，遮天蔽日，让整个地球陷入了一片黑暗之中。由于阳光无法照射到地面上，导致气温骤降，永无止境的大雨、山洪和泥石流将地球上的大部分生物都掩埋了。就是现在，当我们再次挖开那个年代的地层时，依然能从那些被严重扭曲的骨架化石，以及地层中富含的高浓度陨石元素感受得到当时的恐怖景象。而当时地球的统治者恐龙，就是在那场灾难以后消失得无影无踪的。

恐龙一直飞翔到今天

1861年，当人们在德国挖掘出了距今约1.4亿年的始祖鸟化石时，就发现它膨大的脑颅、布满牙齿的嘴、长长的尾椎和仍有保留的前爪等一系列的身体结构。这种结构与当时一种叫做美颌龙的恐龙有着惊人的相似。而到了1996年6月，人们在巴塔哥尼亚挖掘出了距今约9000万年的恐龙化石，惊讶地发现，这种恐龙竟然只有两条腿，并且还能像鸟类一样自如地折叠收起自己的前臂，就好像翅膀一样。不仅如此，就是在现代，我们依然可以在鸟类的早期胚胎中寻找到当年恐龙的点点蛛丝马迹。综合这些因素，就有许多古生物学家相信，在6500万年前的灾难中，恐龙并没有完全灭绝，而是以鸟类的身份一直飞翔到了今天。

满世界都是老鼠的影子……

肆虐300年的
欧洲黑死病

动画片《猫和老鼠》中的小老鼠杰瑞每天都会和汤姆猫发生很多的趣事，大家都会因为杰瑞的可爱而喜欢上老鼠。可是现实生活中老鼠实在是太令人憎恶了，它们会给人类带来非常广泛的传染病——鼠疫，又叫黑死病。只要鼠疫暴发了，它波及的范围就会很广，我们都不曾想到，小小的老鼠竟会让比它体积大好多的人类成千上万地死去。

好痛苦啊！

我不行了！

可怕的鼠疫肆虐欧洲300年

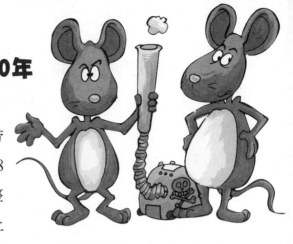

谁都不曾想到，小小的老鼠带来的传染病竟然如此神奇，从1348年开始，短短的几年时间，它将整个欧洲变成了魔鬼区域。在这片土地上，超过1/3的人口，总计2500万人因鼠疫而丧生。哪怕在之后的300年里，黑死病也在不断造访欧洲和亚洲的城镇，使人们一直沉浸在心惊胆战的日子里。

大约在650年前，欧洲遭遇了历史上最恐怖的"袭击"。攻击人们的不是多么厉害的武器，而是最恐怖的瘟疫，罪魁祸首竟然是小小的老鼠。传染上鼠疫的人可能刚刚还在大街上走着，下一秒就倒在了地上，停止了呼吸；或者因为家里冷清，自己在家中咽气。等到被人们发现的时候，尸体已经失去原样，发出臭气熏天的腐烂味道。许许多多出门在外的人会看到：田园没有人在耕作，街道上到处都是家禽、家畜，而它们的主人是否还活在这个世界上，都还是个未知数。

除了欧洲大陆，鼠疫还通过搭乘帆船的老鼠身上的跳蚤蔓延到英国全境，直至最小的村落。生活在英国中世纪的城镇里的人非常多，城内垃圾成堆，污水横流，更糟糕的是，他们对传染性疾病几乎一无所知。所以他们就把仇恨的目光集中到猫、狗等家畜身上，杀死所有的家畜。没有人会怜悯这些弱小的生灵，因为它们被当作瘟疫的传播者。

通过老鼠身上的跳蚤传播的鼠疫

人类很少与老鼠有直接的接触，怎么能够传染上鼠疫呢？原来黑鼠和白鼠都能够做鼠疫的传播介质，而寄生在它们身上的跳蚤就能够传播鼠疫的病原体——鼠疫杆菌。鼠疫杆菌不但能够通过跳蚤在老鼠与老鼠之间传播，还能通过跳蚤经过家畜、宠物等传播给我们人类。如果家里养的宠物狗身上有虱子，恰巧虱子通过老鼠传染了鼠疫杆菌，那么我们人类就很有可能被传染上鼠疫了。

得了鼠疫的人，通常皮肤上会出现一块块的黑斑，常会浑身发抖，有时还伴有发热。对于传染上这种病的患者来说，痛苦地死去几乎是无法避免的，没有任何治愈的可能，所以，这种特殊的瘟疫又被人们称为"黑死病"。

鼠疫并不是单一的传染病，它的种类还分很多种：如果鼠疫杆菌是通过感染的蚊虫叮咬或伤口进入人体，淋巴腺就会肿胀疼痛，这是最常见的鼠疫感染形式，如果不及时治疗，会引发败血病鼠疫；如果鼠疫杆菌被吸入后停留在人的肺部，就会引起肺炎鼠疫，这种类型的鼠疫可以在人与人之间传播；如果鼠疫杆菌进入到了血液里，就会引发败血症，这就是败血鼠疫。

嘻嘻，我是细菌！

好痛啊!

任重道远的预防鼠疫之路

　　既然鼠疫这么可怕，人类就不能彻底地解决鼠疫，让鼠疫永远都不再发生吗？其实像老鼠、虱子这样的动物是自然存在的，所以我们要将鼠疫完全根治现在还是不可能的。因为由野鼠传至家鼠的过程是人类根本无法控制的，当然，再由家鼠传染到人也不属于意外事件。而现代交通工具的发达，又为鼠疫的传播和流行提供了外在的条件。

　　鼠疫曾经给我们人类带来了巨大的灾难，让无数的人丧命。但是科学在进步，在科学面前，鼠疫已经不是不治之症了。虽然如此，但是我们仍然要认识到，早期发现并治疗和防止这种传染病的扩散最关键。在医疗条件还不算完善的今天，我们还远没有达到最终消灭鼠疫的时候。这条消灭鼠疫的道路是任重而道远的。

长着近视眼的老鼠

　　众所周知，老鼠的视野半径只有12厘米，是天生的高度近视眼，又是地地道道的色盲。五彩缤纷的世界在老鼠看来，却是一片灰黑，这也正好就是老鼠白天很少活动，夜间却很猖獗的原因。老鼠在生活中闹出的笑话也非常多。曾经就有两只饥饿的老鼠把刻花的脸盆拖到老鼠洞口，便开始咬它，想把它分成块运进洞去。可是，老鼠们东咬西咬，那个大"蛋糕"却安然无恙。没办法，它们只好把"蛋糕"放在了老鼠洞口前。其实那不是蛋糕，只是一只刻着美丽花纹的盆子而已。

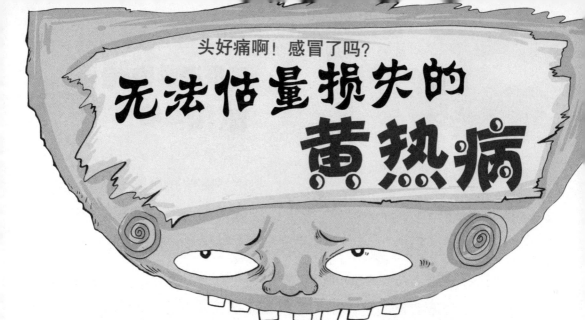

无法估量损失的
黄热病

你听说过黄热病吗？其实它是由黄热病病毒引起的一种传染病。得了这种病的人全身发热，像感冒一样，并且皮肤颜色发黄，看起来非常的可怕。黄热病曾经在欧美等国疯狂流行，无数的人因染上这种病而死亡，可以说它给人类带来的损失是无法估量的。

通过蚊子传染的黄热病

每当夏天来临的时候，我们总是受到蚊子的"攻击"，会被蚊子叮得满身大包，可以说对蚊子的叮咬是防不胜防。在大多数人眼里，它是一种以吸食人和其他动物的血液为生的讨厌东西。其实这样的蚊子已经并不算可怕了，被咬的我们只是因为皮肤痒痒苦恼而已。然而，在世界上有一种名为埃及伊蚊的蚊子，它能够携带黄热病病毒，然后通过叮咬人的方式传播这种病毒，严重的人会因为患上这种疾病而死亡。

呜呜……

原来当蚊子吸入了带有黄热病病毒人的血液之后，还会去叮咬其他的人，就这样黄热病病毒就被传染到了另一个人的体内。病毒进入到人体内，会迅速地扩散和繁殖，数日之后就会进入到血液循环，引起人体主要器官的病变，病毒最主要攻击的就是肝脏，因此患者的肝脏通常会严重病变。

得了这种病的人刚开始的时候只是寒冷和发烧，看起来就像感冒了一样。慢慢地就会发生严重的呕吐——呕吐物因胃出血而发黑。等两三天之后，幸运的人就会好转并且以后都不会再得这种病，而不幸的人随后就会发烧和吐黑血，牙床和鼻子开始渗血，皮肤颜色慢慢发黄，精神慢慢开始失常，甚至陷入昏迷，直到死亡才能结束他们的痛苦。

黄热病引起的"美洲瘟疫"

大约是在17世纪，藏在船上的蚊子从非洲"偷渡"过大西洋前往美洲，在路上的时候，

我不吃香蕉，我要吃你！

携带黄热病病毒的蚊子就"咬死"了许多水手，所以当船最终到达港口的时候，几乎绝大多数的水手都已经死亡了。

可是，蚊子并不管那么多，在它没有被人们发现时，就已经悄悄地溜上了岸，继续寻找下一个吸血目标。当然，它在吸血的时候还顺便把病毒吐进那个人的身体里，至于到底岸上又有多少人被蚊子"咬死"，已经无从查证了。

如果一种病可以用瘟疫来命名，那就不是问题不大的传染病了，它可能会引起大面积的流行和死亡。得了这种病的患者在发病的一个月里，就有80%的患者死亡，尸体多到没地方埋葬。因为是靠蚊子来传播的，所以传播的速度非常的快，很快就进一步在中美洲各地登陆。许多黑人对黄热病都有很强的免疫能力，而可怜的白种人却成为了它主要的攻击对象。

在18～19世纪，欧洲的大西洋和地中海沿岸的一些地区也都经常遭到黄热病的袭击。1800年夏季，西班牙南部港口城市加的斯暴发了黄热病，造成数千人死亡，9月的时候已经达到每天死亡200人。由于教堂举行葬礼忙不过来，昼夜24小时的丧钟取代了单独为每个死者敲响的丧钟。

黄热病疫苗的产生降低了人们的恐惧

经过研究发现，造成黄热病的病毒起源于非洲的卷尾猴和猕猴。非洲的蚊子叮咬了带毒的猴子后，就会传播给人类。由于非洲比较早就经历了黄热病的洗礼，很多人对黄热病具有了免疫力。自从知道了病因以后，科学家们就开始研究抵抗黄热病的疫苗，直到1936年仍然一无所获。

1936年科学家们从一个非洲青年身上得到了黄热病病毒，这种黄热病病毒非常的脆弱，它不再能让人得上黄热病，却能让人获得抵抗黄热病的免疫力。后来，科学家们用这个青年身上的黄热病病毒研制成的疫苗拯救了数百万人的生命。黄热病疫苗的产生，一方面降低了人们对黄热病的恐惧，另一方面遏制了黄热病大规模的暴发，像之前那样的灾难已经成为永远的历史。

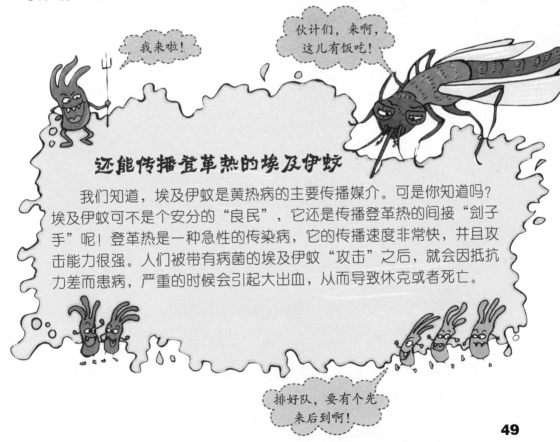

还能传播登革热的埃及伊蚊

我们知道，埃及伊蚊是黄热病的主要传播媒介。可是你知道吗？埃及伊蚊可不是个安分的"良民"，它还是传播登革热的间接"刽子手"呢！登革热是一种急性的传染病，它的传播速度非常快，并且攻击能力很强。人们被带有病菌的埃及伊蚊"攻击"之后，就会因抵抗力差而患病，严重的时候会引起大出血，从而导致休克或者死亡。

皮肤上都开了"花"

死神的帮凶

——天花

世界上的传染病千千万万，有些被尘封在了厚厚的历史书页之中，还有些时至今日仍然挥之不去。如果要在这些传染病之中来一个恐惧排行的话，那么天花绝对能够排在十分靠前的位置。这不仅是因为它导致超过1亿的死亡人数，而且还因为它带来超过3亿以上的天花失明或者终生破相的后遗症。

天花是猖獗的刽子手

其实在很早以前，人类就已经发现天花这种急性的传染病，不管是在古代的中国、印度还是埃及，都有着相关的记录，甚至科学家还在距今3000多年统治埃及的法老木乃伊的头上，考证出了天花的疤痕。

满身脓包的天花！

哈哈，以后我就是这儿的王啦！

许多的时候，天花决定了文明的兴衰。大约在公元6世纪的时候，欧洲出现了天花，总数超过1亿人的死亡摧毁了一个地跨三大洲、强盛一时的罗马帝国。在16世纪的时候，天花又随着欧洲殖民者的脚步来到了美洲大陆。由于当时美洲大陆的印第安居民从来没有得过天花，因此对这种突然出现的病症束手无策，以至于当时昌盛一时的阿兹特克帝国，虽然抵挡住了西班牙侵略者，却没能逃过天花的魔爪。一位亲眼目睹当时惨状的西班牙殖民者曾这样描述："在一些地方满门皆绝。死者太多，以至无法全部掩埋；而臭气漫天，只好推倒死者房屋以作坟墓。"到了19世纪，西方殖民者们又把天花带到了夏威夷，导致夏威夷的当地居民有80%都惨死在了天花之下。20世纪初，天花使得南美洲的卡亚波部族几乎绝种。历史上，这样的例子数不胜数，因此人们也称天花为"猖獗历史的刽子手"。

让人长出满脸脓包的天花

天花是一种由天花病毒引起的烈性传染病，它具有高度的传染性，凡是没有患过天花或者没有接种过天花疫苗的人，不分男女老幼，都有可能感染上这种疾病。它主要是通过飞沫或者直接的接触传染，而当人感染了天花病毒之后，可能会有10天左右的潜伏期，

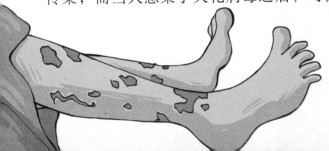

在此期间可能不会感觉到任何问题，等潜伏期一过，就会急性发病，多以头痛、背痛、发冷或者高热等症状开始，此时人的体温可能会升至41℃以上，并且还伴有恶心、呕吐等病症；在发病3～5天之后，人的额头、面颊、手臂和身上各个地方，都会开始出现大小不一的皮疹。皮疹开始时是红色斑疹，两天以后就会转变成为疱疹和脓包疹；而在脓包疹形成后的两天，如果人的身体素质较好，那些脓包疹就会逐渐干缩而结成厚痂，并在一个月后脱落。只留下那满身的难看疤痕，尤其以脸部较为明显。因此可以导致人完全的毁容，形成"麻子脸"，或者导致完全的失明。如果病症严重的话，就会产生如败血症、骨髓炎、脑炎和支气管炎一类的并发症，进而导致死亡。因此，天花也被人形象地称为"死神的帮凶"。

把牛身上的脓包种到人的身上

给你种个包就好啦！

虽然天花的危害极大，但是所幸的是，天花病毒并不像流感病毒一样善变，也就是说，我们只要得过一次天花，以后就可以终生对天花免疫了。

现在，人们都可以通过从小接种牛痘来预防天花，这个功劳要归功于英国的一位乡村医生。这位医生在一次乡村视察时惊讶地发现，牛也会患上天花。但是牛天花却只是会在皮肤上出现一些叫做牛痘的小脓包而已，而更加让他觉得不可思议的是，那些负责给牛挤奶的女工也会被牛传染而长出一些小脓包，不过症状十分的轻微，并且从此以后就再也不会得天花了。于是，这位英国医生大胆尝试，用针在一位小男孩的手臂上划了两道小小的伤口，并把牛痘挤破，将牛痘里面的淡黄色脓浆滴进伤口，在后来的跟踪调查中，这个小男孩果然没有再患过天花。于是，在种牛痘的方法被证明可行之后，就被逐渐推广向了世界各地。

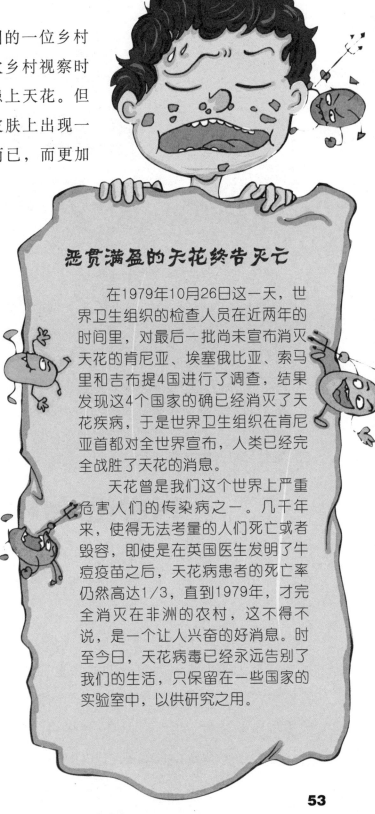

恶贯满盈的天花终告灭亡

在1979年10月26日这一天，世界卫生组织的检查人员在近两年的时间里，对最后一批尚未宣布消灭天花的肯尼亚、埃塞俄比亚、索马里和吉布提4国进行了调查，结果发现这4个国家的确已经消灭了天花疾病，于是世界卫生组织在肯尼亚首都对全世界宣布，人类已经完全战胜了天花的消息。

天花曾是我们这个世界上严重危害人们的传染病之一。几千年来，使得无法考量的人们死亡或者毁容，即使是在英国医生发明了牛痘疫苗之后，天花病患者的死亡率仍然高达1/3，直到1979年，才完全消灭在非洲的农村，这不得不说，是一个让人兴奋的好消息。时至今日，天花病毒已经永远告别了我们的生活，只保留在一些国家的实验室中，以供研究之用。

拉肚子拉得直不起腰

拉肚子也可致死的霍乱

你经常喝未经净化处理的生水吗？或者你经常不洗手就直接抓东西来吃？或是吃了一些来路不明、不干不净的食物？如果以上几点你都做到了的话，那么你有可能会被一种霍乱弧菌问候。它会让你上吐下泻，严重的还会为你定下一张去往阴曹地府的单程机票。其实早在19世纪，霍乱就已经开始崭露头角，并给世界带来了无法预知的灾难。

19世纪的世界病

在19世纪之前，似乎还没有发现任何有关霍乱大流行的确切记载，因此，霍乱第一次大流行，应该是从1817年全球性霍乱开始的。

19世纪初，随着工业革命的发展与科学革命的兴起，交通工具有了长足的进步，让全球的联系更加紧密了。这也在无形之中，给疾病的流行制造了便利的条件。此外，教徒们的朝圣以及连绵不断的战争，也同样给病菌的传播提供了极大的机会。在1817年，一种特别严重和致命的霍乱病在印度的加尔各答地区突然流行了起来，随后，在来往穿梭于世界各地的商人和旅行者的帮助下迅速向全球传播，很快便扩散到了中东、东欧以及东南亚的各个国家。而在1826年的第二次大流行中，霍乱成功地抵达了俄罗斯，然后蔓延到了整个欧洲，仅1831年一年，就有超过90万人因此丧生。随后霍乱在1832年登陆北美，仅仅20年不到，因霍乱而死亡的人数达到数百万之巨。后来，人们就给霍乱冠以"最令人害怕、最引人瞩目的19世纪世界病"的称号。

拉肚子也会死人

霍乱是一种急性的腹泻疾病，主要由不洁净的饮食引起，当足够多的霍乱弧菌成功地逃脱了胃酸的扑杀，进入到小肠之中时，就会在小肠内迅速繁殖，从而产生大量的强烈毒素，导致肠液的大量分泌。这个时候，病人一般不会有明显的疼痛感，但是却总是上吐下泻，次数多到无法统计。严重的腹泻和呕吐会导致体液和电解质的大量丢失，从而形成血压下降、脉搏微弱，血浆比重明显增高和尿量减少甚至无尿的现象出现。这个时候，由于体内的有机酸及氮元素产物的

滚滚的黑烟！

上吐下泻！

好恶心的呕吐物！

排泄功能受到了霍乱的阻碍，患者往往还会出现酸中毒以及尿毒症的一些症状。同时，由于血液中电解质的大量丢失，患者会出现全身性的电解质紊乱，从而导致全身肌肉张力减弱、心律不齐等。

连续的腹泻会让患者的身体出现脱水，而患者的外观表现也极为明显：经常能够看到他们眼窝深陷，声音嘶哑，皮肤干燥皱缩及弹性消失，如果用手触摸一下患者四肢的皮肤，可以感到四肢冰凉；有时候身体还会伴有肌肉痉挛或者抽搐。这个时候，若能及时送至医院抢救，还有生存的希望，否则就很有可能会因为脱水休克，严重的还会因循环衰竭而死亡。

不卫生的潜伏者

不过虽然霍乱十分的可怕，但是我们也无须过分的紧张，因为它是一个不卫生的潜伏者。它经常潜伏在粪便和垃圾等浸泡过的脏兮兮的污水里，还有各种有机物含量较高的水源中。只要我们能够保持周边的环境卫生，加强饮水和食品的管理，确保任何吃进肚子里的东西是安全的，就可以防止"病从口入"。同时做到"五要"和"五不要"，即饭前饭后要洗手，买回海鲜要煮熟，隔餐食物要热透，生熟食品要分开，出现症状要就

坐着火车去旅行！

诊；生水未煮不要喝，无牌餐饮不光顾，腐烂食品不要吃，暴饮暴食不要做，有霍乱污染嫌疑的物品未消毒不要碰，那么就基本上可以和这个讨厌鬼说再见了。

即使是你不小心已经患上了霍乱，也不需要紧张，因为霍乱病的死亡率并不高，只要我们遵照医嘱，按时服药，多多休息，多多补充水分，很快就可以复原了。如果家里有人不小心患上了霍乱的话，也要尽快送到医院里去，因为霍乱的传染速度是非常惊人的，如果患者不尽快送去医院的消化道传染病区进行隔离的话，那么霍乱会很快地蔓延开来，到时候不但是家里人，甚至给整个社会都会带来意想不到的灾难！

前面就要到啦！

距离我们较近的安哥拉霍乱

暴发在2006年的安哥拉霍乱，是距离我们比较近的一次霍乱大流行。这个位于非洲西南部的国家由于经历了长期的内战，导致国内的医疗卫生基础设施严重的破坏，再加上其居民的预防意识比较淡薄，于是，就给霍乱提供了良好的滋生土壤。根据世界卫生组织提供的报告，自安哥拉首都罗安达在2月13日开始出现霍乱疫情以后，仅仅3个月的时间，疫情就蔓延到了全国18个省中的11个，患者人数超过了5万，死亡人数也达到了破天荒的2000人以上。要知道，现在可不是医疗落后的19世纪，对于21世纪的我们来说，霍乱，仍没有走远。

肺里面长虫子了……

古老的白色瘟疫

——结核病

在旧社会，由于我们国家十分的落后，不仅缺医少药，甚至就连最基本的温饱问题都解决不了，因此，大多数人的身体素质不高，对疾病的抵抗力很差，被西方称为"东亚病夫"。就在那个黑暗的年代，出现了一种让所有人闻之色变的疾病，即痨病，也就是我们现在所说的结核病。

蔓延古今的传染病

结核病是一种很古老的传染病，它是由结核病菌侵入人体全身的各个器官产生的疾病。

这种疾病似乎在人类诞生的初期，就已经陪伴在我们左右了。在数千年前新石器时代的人

咳咳……呸！

啊，他的肺一定有毛病！

类骨化石上，考古学家就已经发现了脊柱结核。在我们国家最早的医书《黄帝内经》中就有类似的记载："大骨枯槁，大肉陷下，胸中气满，喘息不便，肉痛引肩项，身热。"意思就是说人瘦弱得和枯萎的树木一样，整个胸膛发生变形，发病一侧的胸腔会有一些微微的塌陷，呼吸不畅，并且还会伴有颈肩的疼痛，身体发热等等。哪怕到了近代，在鲁迅的笔下，仍然还有吃沾了人血的馒头来治疗痨病的人，而这种痨病，其实就是结核病。只不过在当时科技并不发达，人们由于弄不清楚结核病的发病原因和病理，就以为是一种叫做"痨虫"的小虫子钻进了人的身体里，吸食了人的精血所致。在科技不发达的年代，由于缺少治疗的办法，因此就在民间形成了"十痨九死"的说法。

　　据不完全统计，仅在20世纪的20年代末，就有近千万的结核病患者，并且每年死于结核病的人数要超过120万。不仅在我国，在西方也是一样。以19世纪的欧洲为例，有数百万人患有结核病，其中有超过1/3的患者因此而死亡。就是在科技发达的现代，每年都至少要新增1000万的结核病患者，在南亚的孟加拉国，平均每两分钟就有一人感染结核病，每10分钟就有一人因此而丧生。

我们来分析一下肺结核！

"青睐"女性的结核病

其实如果我们翻开结核病的感染史，就会发现一个十分有趣的问题，那就是女性的感染者明显要多于男性，这是为什么呢？难道是因为男性的身体抵抗力比女性要强吗？当然不是，这是因为在过去，由于女性的社会地位低下，只需要在家里负责家务劳动等事情，再加上落后的风俗和经济困难等原因，造成了女性即使患了结核病也不容易被发现，所以就因为没有良好的治疗而死亡。据不完全统计，有至少1/3死于结核病的女性都是在生前没有被诊断出来的。此外，青春期少女和怀孕期的妇女由于体内的激素变化、营养失调和产后哺乳等原因，常常造成免疫系统被削弱，因此，在25～40岁左右的女性患上结核病的概率要远远大于同龄的男性，所以，在西方有一位研究结核病历史的专家就曾经这样说过："结核病就像是一个手段龌龊的卑鄙小人，只懂得挑那些弱势群体发动攻击。"

战胜结核病并不是一种幻想

你知道吗？目前我国平均每年依然会有超过13万人死于结核病，是其他所有各种传染病和寄生虫病死亡人数总和的两倍还多。结核病是名副其实的第一杀手，那么，对于结核病的肆意猖狂，难道我们就束手无策吗？

踩死你们，不让你们猖狂！

当然不！我们要与这个恶毒的病魔战斗到底！首先，我们要注意锻炼身体，增强自己的体质，不要给这些病菌任何的可乘之机。

而且，我们还不要随地吐痰，因为很多人都是结核病的隐性患者（就是那些身上带有结核病菌，但是却没有发作出来的人），如果随地吐痰的话，就很容易将病菌传染给他人。其次，既然对付结核病的疫苗早在1921年就生产出来了，我们就要好好地利用手里的武器。现在，经常见到的对付结核病的疫苗就是卡介苗了，因此，人们应该定期接种卡介苗，让自己的身体对结核病产生天生的抗体，这样一来，结核病的患病率就会降低，曾经的灾难也就不会再次上演了。

林妹妹病态美的原因

《红楼梦》的女主人公林黛玉，因为那种多愁善感和郁郁寡欢的性格，博得了许多人的同情和喜爱。我们知道，林黛玉之所以会形成这种性格，是和她从小便患有一种"不足之症"以及她家道中落、父母双亡的生长环境密不可分的。那么，这位国色天香的林妹妹，她的这种不足之症到底是什么病呢？让我们来看看小说里的描写吧！她"每年到了春分和秋分前后，必犯旧疾"，并且"咳嗽数声，吐出好些血来""时常头晕和气血虚弱"等等，再加上林黛玉经常面色不正常的红润，这一切的一切，都与肺结核病的表现如出一辙，因此，我们可以断定，曹雪芹笔下的林妹妹之所以会呈现出一种病态美，就是因为那可恶的结核病所致。

人类历史上的大劫难
——西班牙流感

第一次世界大战，整个欧洲战火连天，直接和间接死于战争的人数达到1000多万。可是就在这次大战快要结束的时候，一场流感的暴发，夺去了超过2000万人的生命。这场流感就是20世纪初，人们谈之色变的西班牙流感。

哈哈，我来啦，看你们往哪儿跑！

我的神啊，有病毒！

杀伤力巨大的 "感冒"

　　"西班牙女士"这个名字十分优雅，但是在这优雅的背后，却是代表着大范围传染和高死亡率的"西班牙流感"。其实西班牙流感并不是从西班牙开始的，而是出现在美国的一个军营里。在1918年，这个军营里的一位士兵突然感到发烧和头疼，于是便到部队里的医院看病，当时医生认为他只患了普通的感冒，但接下来的情况却出人意料。等到了中午，军营里的100多名士兵都不同程度地出现了相似的症状，几天之后，这个军营里竟然出现了超过500名以上的病人。而在随后的几个月里，这种感冒就像幽灵一样几乎席卷了美国的全部军营。不过此时这种感冒的死亡率并不高，因此并没有引起美国政府的注意。

　　后来，感冒传染到了西班牙，却猛然暴发，一共造成了超过800万西班牙人的死亡，因此流感便被标注上了"西班牙"三个字。西班牙流感很奇怪，往常的流感暴发总是容易攻击免疫力低下的老人和孩子，但是这一次，20～40岁的青壮年人群也成为了死神的追逐目标。直到数月之后，西班牙流感就像一个高明的杀手，在作案之后销声匿迹。可是它给人们带来的损失却是巨大的，在这场灾难中有几千万人失去了生命，同第一次世界大战的死亡人数相比，这个数字实在是太触目惊心了！

永远发生变化的病毒

在地球上，流感已经有了超过2000年的历史，而发生在1918年的西班牙流感，危害程度甚至超过了让欧洲人恐惧了几个世纪的鼠疫。你可千万不要小看这种流行性感冒，虽然它的死亡率很低，只有3%左右，但是它的传染性却非常的高。如果有10亿人感染的话，那么死亡人数也是极为恐怖的。

但是这还不是它最为可怕的地方，最恐怖的是这种传染病的不稳定性。也就是说，它永远在变化之中。一般的病毒，只要人患过一次，就能终生免疫。但是西班牙流感就好像是一个高明的罪犯一样，总是在不断变化着自己的形象。即使偶尔被你的免疫系统抓到了，并且记下了它的模样，等到它下一次来袭的时候，又会换上另一身马甲，甚至还会像演员一样化一化妆，这时候免疫系统还记着它原来的形象呢！因此很自然地就将它放行，而此时的你就难逃患病的噩运了。

像幽灵一样飘荡在我们身边的杀手

西班牙流感已经过去将近一个世纪了，但是科学家仍对其保持着足够的警惕。他们致力于寻找西班牙流感的病原体，以防止类似的悲剧重演。但是这项工作的展开可不容易。因为西班牙流感病毒的不稳定性，在暴发过后，它们就

会伪装潜逃。在20世纪50年代，美国曾组织考察队奔赴极北的阿拉斯加，期望能在那些深埋于冻土之中的病人尸体身上找到当年肆虐的西班牙流感病毒的病原体。然而让人失望的是，这些尸体由于解冻后的腐烂而失去了研究的价值。因此，西班牙流感这个恶贯满盈的凶手，在作恶了将近一个世纪之后，仍然逍遥法外。不仅如此，流感病毒就像是一个幽灵一般，飘荡在世界的各个角落，时刻准备着威胁我们人类的生命。此后，1957年的"亚洲流感"，1968年的"香港流感"，以及1977年的"俄罗斯流感"都在提醒着我们，其实它并未走远。也许不经意的某一天，它又会重新伸出魔爪，再次掠夺人们的生命。

禁止病毒侵害！

与西班牙流感极其相似的甲流

据美国研究人员的报告称，在2009年暴发的全球性甲型H1N1流感病毒与1918年肆虐欧洲的西班牙流感病毒具有超乎想象的相似之处。他们首先为实验鼠接种了西班牙流感病毒的疫苗，并将它们暴露于甲流的环境中，结果发现这些实验鼠无一死亡；同样当研究人员给实验鼠接种了甲流疫苗以后，它们也能同样不受西班牙流感病毒的侵袭。不仅如此，甲流和西班牙流感都是从上呼吸道散布至肺，进而引发肺炎，最终导致人因为呼吸衰竭而死亡。那么，甲流到底是不是西班牙流感的再一次重出江湖呢？我们还将继续等待科学家进一步的研究结果。

比战争更厉害的传染病

战争的魔爪
——斑疹伤寒

我爬呀！我挠呀！折磨死你！

当隆隆的枪炮声响起，刺鼻的硝烟弥漫的时候，我们知道战争爆发了。每一次战争的爆发，都会带走许多人的生命，同时，还会让无数的家庭支离破碎。可是你知道吗？在战争中，杀伤力再大的枪炮都不是最恐怖的，而最恐怖的其实是在战争中流窜起来的传染病，比如说，斑疹伤寒。

被虱子拉出来的致命疾病

好多可恶的虱子啊！

四脚朝天！

在1618年的5月23日这一天，捷克爆发了农民起义，当愤怒的群众冲进了王宫，把国王和钦差从20多米高的窗口扔出去的时候，欧洲的德国和西班牙等国组成的天主教联盟与法国、瑞典和荷兰组成的新教联盟两大对立集团欣喜若狂，因为他们知道，他们盼望已久的战争借口终于来了。随后，在长达30年的时间里，两大集团不断交战，最终造成了整个欧洲超过1000万人口的死亡，这个结果并不是军队的坚枪利炮造成的，罪魁祸首却是斑疹伤寒。

在当时的欧洲，人们的生活条件并不理想，交战双方的士兵常常拥挤在污水横流、臭气熏天的肮脏环境中。在那里，一个个比米粒还要小的虱子会在不经意间，悄悄地爬到人们的身上，然后用它那尖锐的口器，划破人的皮肤，吸取血液。同时，它们还会排泄出带有大量伤寒杆菌的粪便，这些粪便小得就像尘埃一样，很容易通过人的呼吸或者是身体上的伤口进入人体内；而且在那时，人们忙于战争，对卫生条件也没有太大的认识，自然就顾不上驱除虱子的事情。这样一来，虱子在人群之中的肆虐就给斑疹伤寒的大规模流行创造了条件。

战场上看不见的杀人狂魔

随着虱子在军营里的肆虐，大量的伤寒杆菌进入了人体。它们随着血液流入到肝、脾、胆囊、肾和骨髓后，便开始迅速繁殖。这个时候的人们并不会出现任何的不适反应，然而等到这些伤寒杆菌繁殖到了一定阶段以后，就会再一次地进入

血液，并在血液里释放强烈的毒素，引发病症。这时，人们会惊讶地发现，在自己的身上，不知道从什么时候开始，出现了一个个的小红疙瘩，这就是皮疹。皮疹经过时间的流逝，会慢慢地扩大，数量越来越多。它们连接成片，从最先开始的胸腹部蔓延到四肢，随后，患者会出现10多天的高烧不退，同时还伴有全身不适、乏力和咽痛等。人们都以为自己得了感冒，因此并没有太多的关注。可是伤寒杆菌并没有停止对人体的侵害，它们进入肠道后便产生严重的发炎反应，从而导致肠道组织的坏死和出血，甚至还会在人们的肠子上形成穿孔，使人们疼痛难耐。不仅如此，伤寒杆菌还可以引起肺炎和肾功能衰竭，从而导致人们精神错乱和昏迷，最后因心力衰竭而死亡。由于斑疹伤寒是随着虱子的粪便飘散在空气之中，通过士兵们的伤口或者是粘附在水和食物上传播的，因此有士兵称之为"战场上看不见的杀人狂魔"。

揭示人类穿衣服时间的虱子

人类是什么时候开始穿衣服的？要回答这个问题恐怕很困难，因为我们根本不可能找到那个时候的衣服。于是，科学家就突发奇想地把研究对象放到了一种寄生在人类身上的寄生动物——虱子身上。一般在人体上，寄生着体虱、头虱和阴虱3种虱子，在这3种虱子里，只有体虱是寄生在我们衣服之中的，因此通过科学家的研究发现，体虱是在大约19万年以前进化出来的，也就是说，我们人类至少有19万年的穿衣服历史了。

哈哈，我来啦！

任何人都可能患上的**世界性传染病**

我要世界都知道我的存在！

　　虽然斑疹伤寒经常在战争中崭露头角，但并不意味着它只会在军营里发生。实际上，虱子和跳蚤都可以传播斑疹伤寒，也就是说，只要在虱子和跳蚤横行的地方，都有可能感染斑疹伤寒，哪怕是接近北极的俄国也不例外。第一次世界大战的时候，俄国由于战争，国内动荡不安。就在这时，斑疹伤寒适时出击，让超过3000万的俄罗斯、波兰和罗马尼亚人受到感染，超过300万人因此而丧生。

　　不过随着全世界医疗和卫生条件的不断改善，斑疹伤寒的活动范围变得越来越小。现在，由于伤寒疫苗的使用，斑疹伤寒在发达国家已经销声匿迹了，但是这并不代表它的彻底隐退。在南美洲、非洲和亚洲的一些落后地区，斑疹伤寒仍然时不时地亮出它的"尖牙利爪"，威胁着人们的生命。对于一些不讲卫生的人来说，在他们家里横行无阻的老鼠、跳蚤和虱子仍然在等待着机会，如果时机成熟，斑疹伤寒仍然会肆无忌惮地传播。所以我们应该时刻注意，不要让这种可以避免的灾难再次发生。

兄弟，今天去哪儿吃？

肚子饿了！

再豪华的轮船也抵不住岩石的一击

沉入茫茫冰海的 "泰坦尼克号"

人们总是喜欢用宽广、辽阔等优美的词语形容大海，茫茫的大海仿佛是一个非常有故事的人，总在不断向我们诉说着什么。可是，看似平静的大海并没有想象中的那么从容，无数次的海难告诉我们，对于大海永远不能掉以轻心，因为不知道什么时候，人们就要为自己的疏忽买单了。

被称为 "永不沉没的轮船" 的泰坦尼克号

1912年4月10日，被称为 "永不沉没的轮船" 的泰坦尼克号开始了它的处女航行。在南安普敦港的海洋码头上，站满了要出行的客人、送行的家属以及工作人员。当时泰坦尼克号被称为史上最豪华也是最巨大的轮船，所以有太多的人过来一睹它的风采。中午12时，泰坦尼克号离开了码头，开始了它的第一次也是唯一一次航行。

妈呀，前方有险情！

因为泰坦尼克号是当时最豪华的轮船，所以将乘客分为三个等级，当然，身份越高贵、越有钱的人住的舱位就越好。当天晚上7点，泰坦尼克号抵达法国瑟堡港，另一批乘客和货物登上了泰坦尼克号。第二天中午，泰坦尼克号抵达爱尔兰的昆斯敦，又有一批对新世界充满憧憬和希望的爱尔兰移民登上了船。一位乘客在这里上岸时拍下的照片后来成了泰坦尼克号的绝版照片，它在今天仍然是收藏家眼里价值连城的物品。

为了以最快的速度穿越大西洋，泰坦尼克号选择了距离较短的北航线。气温不断地下降，但天气非常晴朗，格外宁静的大西洋仿佛在预示着什么。

泰坦尼克号沉入大西洋

泰坦尼克号从开始航行那天起，一直保持着全速前进。4月14日晚上，是一个风平浪静的夜晚，甚至感觉不到任何的海风。当然，如果有风的话，船员一定就会发现被波浪拍打的冰山，可是粗心的船员并没有履行自己的责任。等到23时40分发现冰山的时候，泰坦尼克号想转向已经是不可能的事了。人们只能眼睁睁地看着轮船与冰山"亲吻"，

倒霉啊，怎么出门就碰上它了？

再不跳就沉啦！

太浪漫了！

并且谁也没有想到这竟然是死亡之吻。

当泰坦尼克号撞上冰山后，船体被凿开了一个长约76米的口子，水面下至少有6根铆钉被撞出，海水从这些铆钉形成的孔中涌入船体前部的5个防水封闭仓。如果只有4个封闭仓进水，泰坦尼克号还不会下沉。可是5个封闭仓都已进水，泰坦尼克号真的难逃沉没的命运了。

在船上开心娱乐的人们无论如何也想不到，自己的出行即将成为生命的最后之旅。船上的乐队不停地演奏着快乐的乐曲，人们在一起唱歌、跳舞。可是在最下层的人们已经开始与死神面对面了。海水以越来越快的速度向船中渗入，最下层的人们被海水冲向各个角落，几秒前还存在的屋子，转眼被海水冲得找不到"尸体"。人们有的被海水冲得撞到

令人感到不可思议的巧合

俗话说："无巧不成书"。大千世界总是在不断地出现形形色色的巧合。在1898年，曾经有一位英国的作家写了这样一部小说，小说描写的是一艘号称当时永不沉没的豪华轮船名为"泰坦"，从英国首航驶向大西洋彼岸的美国。这是人类航海史上空前巨大的、最豪华的客轮，船上装备了当时最为华贵的设施，满船承载的都是有钱的旅客。人们在这艘巨轮上尽情地享受着一切，但是，这艘巨轮首次出航就在途中撞上了冰山，悲惨地沉没，许多乘客葬身海底。谁也没有料到，小说里的故事在14年后真的成为了现实，实在太不可思议了！

硬物而死；有的人被海水活活淹死；有的人还在睡梦中就被死神带走了。

两个小时以后，船完全沉入海里，船体在沉没过程中分裂成两个部分。2200多人中的1500多人在这次灾难中丧生，许多人伴随着泰坦尼克号而沉入海底，也有很多人因船沉入水中后，被冰水活活冻死。等到其他船来营救的时候，人们看到的是：数不清的尸体漂浮在大海中，有的面带微笑，有的痛苦万分。在这些人中有老人，也有仅仅几个月的孩子。

整艘船只有不到700人在这次灾难中幸存下来，而泰坦尼克号的永不沉没，只能说是人们曾经最大的梦想。

泰坦尼克号沉没的启示

泰坦尼克号的沉没告诉了人们：大自然的力量是无法预测的，虽然科技在进步，社会在发展，人们对未来充满了希望。可是千万不要对自然的威力掉以轻心，泰坦尼克号将永远让人们牢记人类的傲慢自信所付出的代价。这场灾难震惊了国际社会，因为它证明了：人的技术成就无法与自然的力量相比。同时这场灾难依然让我们感动，有许许多多的人在死亡面前体现出了坚强的一面，将生存的希望留给了别人，自己孤独地去面对死神。我们脑海中始终都会出现这样一幅画面：茫茫的大海上，泰坦尼克号沉没后，那些没有上救生船的人们，在冰冷的大海上等待死神的到来。灾难无法避免，可是人类不负责任的心是可以避免的。

救命啊，我不会游泳！

喷发致命毒气的 尼奥斯火山湖

提到火山湖，大家会觉得它一定和火山有关，事实也确实是这样。当火山喷发后，因为火山里的大量浮石被喷出来还有挥发性物质的散失，就会引起颈部塌陷形成漏斗状洼地，于是便形成了火山口。后来，不断地降雨、积雪融化或者地下水的渗入，就使火山口逐渐储存了大量的水，水越来越多就形成了火山湖。

风光秀丽的尼奥斯火山湖

死了吗？

H_2S CO CO_2

在离喀麦隆首都雅温得300千米远的地方，有一个名叫尼奥斯的火山湖。它就是火山喷发后逐渐积水形成的。在尼奥斯湖畔有一座活火山，叫做阿库火山，虽然已有百余年没有喷发，但却一直慢慢地从湖底的火山裂缝中散发出二氧化碳，并慢慢渗入尼奥斯火山湖中。

还有一条臭狗！

在喀麦隆，像这样的火山湖共有几十个。因为火山湖的周围风光十分秀丽，所以爱好旅游的人们都喜欢去欣赏火山湖与众不同的美。湛蓝的天空，波光闪闪的湖水，倒映在湖水中的青山和绿树，让游客们流连忘返。可是人们没有想到，在尼奥斯火山湖的湖底，正发生着化学反应。微妙的化学平衡使含有大量碳酸氢盐的湖水处于湖的最底层，而碳酸氢盐素来不稳定，如下雨的时候，雨水进入到湖中，使得湖水出现搅动，那么碳酸氢盐的深水就会上翻，释放出大量的有毒气体。然而，美丽的尼奥斯火山湖看起来是那样温柔平静，它似乎从未想要向人们展示自己的另一面。人们谁也没有想到，尼奥斯火山湖会突然卸下它伪装的面具，露出了本来凶狠的面目。

突发的毒气袭击了尼奥斯湖畔的村落

1986年8月21日晚，尼奥斯湖的水面上吹拂着阵阵微风，人们正在酣睡之中，突然一声巨响划破了长空。从湖底喷发出的大量有毒气体犹如泛滥的洪水，沿着山的北坡倾泻而下，向处于低谷地带的几个村庄袭去，而那时候的人们早已进入了梦乡……

等到第二天的清晨，依然可以看到美丽的喀麦隆高原。不过水晶蓝色的尼奥斯湖却变得一片血红，它就像腐烂了的红色眼睛，在旁边的草丛里到处躺着死去的牲畜和野兽。向湖畔的村落里望去，房舍、教

死了这么多人，可怜啊！

堂、牲口棚都完好无损，可是街上却没有一个人走动。走进屋里，却看到了令人震惊的一幕：到处都是死人。死者中有男人、女人、儿童，甚至还有婴儿，他们的姿式各异，看起来就像在沉睡中一样。

人们从幸存者的口里知道了惨案发生的经过。原来那天晚上一声巨响之后，一股幽灵般的圆柱形蒸气就从湖中喷出，整个湖水一下子沸腾了起来，掀起的波浪袭击湖岸，直冲天空，高达80多米，然后又像一柱云烟注入下面的山谷。这时，一阵大风从湖中呼啸而起，夹着使人窒息的恶臭将这朵烟云推向了四周的小镇。

在这场灾祸中，至少有1700多人被毒气夺去了生命，大量的牲畜丧生。特别是加姆尼奥村，它离火山湖最近，受灾也最为严重。全村650名居民中，仅有6人幸存。

大自然回馈我们人类的"礼物"

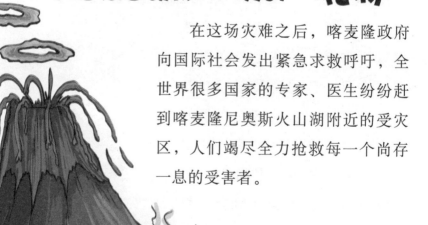

在这场灾难之后，喀麦隆政府向国际社会发出紧急求救呼吁，全世界很多国家的专家、医生纷纷赶到喀麦隆尼奥斯火山湖附近的受灾区，人们竭尽全力抢救每一个尚存一息的受害者。

在控制住灾情后，科学家又将各种先进仪器运抵尼奥斯火山湖边，试图解开尼奥斯火山湖毒气杀人之谜。尼奥斯火山湖喷出的气体是什么毒气？经过论证，大家都认为：尼奥斯火山湖喷出的气体是由一氧化碳、二氧化碳、硫化氢混合而成的毒气，这种混合毒气一经扩散，可在短时间内造成大范围杀伤。

在科技进步的今天，人们为了自己的私欲在侵害着大自然的"权利"，人们在向自然界索取的同时，也遭到了大自然无情的报复。湖底毒气这种自然造成的突发性灾难，也让人类见识到了大自然回馈来的"礼物"。人们是否应该在这场灾难后仔细思考应该怎样珍惜自然了呢？

中国美丽的火山湖——长白山天池

在中朝两国的边界有座长白山，在远古时期，它还是一座火山。当火山喷发喷射出大量熔岩之后，经过累积便形成了湖，它就是现在的长白山天池。天池是中国和朝鲜的界湖，湖的北部在吉林省境内，是松花江、图们江、鸭绿江三江之源。因为它所处的位置高，水面海拔达2000多米，所以被称为"天池"。长白山天池的景色十分优美，因此吸引了许多中外游客前来观光旅游。

一团巨大的圆柱形毒气！

听说前面又撞车了，那人喝多了……

疲劳或酒后驾驶
带来的灾难

我国的汽车保有量只占全世界的2%～3%，但事故死亡人数却多达全世界的1/5，已成为世界上道路交通事故最为严重的国家，也是死亡人数最多的国家。引发交通事故的原因很多，其中疲劳驾驶和酒后驾驶每年造成数十万人的死亡和伤残，为无数家庭带来巨大灾难！

难道我还在做梦？

吱！！！

妈妈救我！

连续8小时疲劳驾驶引发的惨剧

2005年11月14日早晨5：40左右，我国山西省长治市沁源县发生了一起特大交通事故，从而给几十个家庭带来了重大的灾难。

那天早晨，沁源县第二中学如同平时一样，老师们组织初二、初三两个年级一共13个班的900多名学生在汾屯公路出操晨练，就在转弯返校之际，一辆大货车突然碾压过来，在一片惊呼和惨叫声中，学生们纷纷倒地。之后，这辆货车撞倒路边的大树，又驶上公路斜横在路上才停了下来。当场有18名师生被碾压导致死亡，20多人受伤。在伤者被送往医院抢救的过程中，又有3名学生因抢救无效死亡。

当天上午，有记者爬上附近楼顶看到，100多米长的公路上，血迹斑斑。十几具学生的遗体横七竖八地躺在地上。谁能想到，几个小时前还活蹦乱跳的孩子，如今已经去了另一个世界。闻讯赶来的学生家长跪在地上号啕大哭。

酿造惨剧的大货车斜横在路中央，前部被撞得面目全非。据调查，这场事故的原因是由于这名司机连续8个小时疲劳驾驶。就是因为疲劳驾驶，给那么多家庭带来了无法愈合的伤口。

无法原谅的酒驾行为

来！咱们干！

快跑！

有这样一组数据——2008年，我国共发生道路交通事故26.5万多起，造成7.3万多人死亡、30多万人受伤，这是多么庞大的数字啊！世界卫生组织曾统计，在发展中国家，每33分钟就会有一人死于饮酒导致的交通事故。

2009年6月30日晚上8点多，一辆黑色别克轿车在南京市金胜路由南向北行驶时，车辆失控，沿途撞倒9名路人，撞坏6辆轿车，酿成5死4伤的惨剧，令人叹息的是，死者中还有一名孕妇。经过对肇事司机抽血化验，他的每100毫升血液里酒精浓度高达381毫克，是醉酒标准的4倍多。这样的行为真是令人无法原谅！

在美国，酒后驾车就是故意伤害，会受到十分严厉的处罚。在日本，2001年的时候，对于因为驾驶导致人死亡的最高刑期是15年，到2005年，酒后驾车致人死亡的最高刑期是20年。我国对酒后驾车的处罚也日趋严厉。

酒精使人失控

大家都知道，喝酒容易使人高度兴奋，从而情绪失控。由于酒精的麻醉作用，大脑对距离、路况、方向等各个方面的判断容

易出现误差，反应还会变得迟钝。在这种状态下，怎么还敢开车呢？试想一下，在公路行驶的汽车突然失去控制，那是一件多么可怕的事情啊！所以，千万不能存在侥幸心理，否则会给自己和其他人带来巨大的灾难。

另外，还可能发生这样有趣的事。明明没喝酒，反而被当成酒后驾驶处罚，这是什么原因呢？原来，如果你喷过藿香正气水、口气清新剂，或吃过豆腐乳、醉虾等美食，口腔里就会残留大量酒精，通过酒精测试仪就很有可能被测出酒精含量超标。

服药后开车也可能引发交通事故

据统计，近年来因服药后驾驶导致的交通事故明显增多。那么，服用哪些药物会影响安全驾驶呢？比如：抗过敏药、镇静催眠药、解热镇痛药、镇咳药、胃肠解痉药、止吐药等，这些药物就有副作用，可能会影响驾车安全，在一般情况下，驾车时应尽量不要服用。

此外，如果把几种药物混合服用，可能也会加重药物的副作用。所以，生病以后要去医院咨询医生，按医生嘱咐服药，尽量不要开车，否则也有可能发生危险。

因醉酒撞坏的车。

嘭嘭嘭……灰飞烟灭……

人类永难痊愈的伤口
——切尔诺贝利核灾难

1970年，苏联乌克兰北部切尔诺贝利核电站建成。这个核电站由4座核反应堆组成，能为乌克兰提供10%的电力，因此人们十分信任这样有口皆碑的电站。但是1986年4月26日发生的大灾难，改变了人们对切尔诺贝利核电站的信任。

1986年的切尔诺贝利核爆炸

1986年4月25日夜晚，切尔诺贝利核电站的工作人员正准备对4号反应堆进行安全测试。而真正的测试工作却是从

嘭！大爆炸！

消防队员赶紧救火！

第二天凌晨正式开始的。为了提高工作效率，工作人员就将控制棒大量拔出。可是他们根本没有意识到，自己正在犯一种错误，而这种错误是致命的。其实控制棒的作用是调节温度，没有了它，堆芯的温度就会升高。在凌晨1时23分，工作人员再次心存侥幸违章操作，按下了关闭核反应堆的紧急按钮。这样做与实际情况发生了冲突，等工作人员想立即停止试验的时候，电源却突然中断了。冷却系统顿时停止了工作，反应堆彻底失控了！堆芯内的水被辐射后立即分解成了氢和氧，由于它们的浓度过高，随即就导致了4号核反应堆大爆炸。

2000吨重的钢顶被爆炸冲击起来，一个巨大的火球顿时腾空而起，使大半天空被照亮，就这样灾难降临了。这些核燃料的碎块、高放射性物质瞬间被无情地抛向了黑暗的夜空，2000℃的高温和高放射剂量吞噬了周围的一切。四周的人们完全没有意识到发生了什么，身体就被高温烧着。地面上哭声喊声一片，看起来就是一片火

海。蒸发的核燃料迅速渗入到大气层中，给周围地区造成了强烈的核辐射，给生物带来了极大的危害。直到5月5日，在救援人员和社会各界人士的努力和支持下，放射性物质的释放才基本得到控制。

刻意的隐瞒给人们带来的灾难

这次核爆炸发生后，苏联官方并没有及时采取紧急措施。大家一致认为只是反应堆发生了火灾，并没有爆炸。因此，在事故发生了两天之后，一些距离核电站很近的村庄才开始疏散，政府才派出军队强制人们尽快撤离。当时在电站附近村庄测出的是超过致命量几百倍的核辐射，而且辐射值还在不停地升高，但这还是没有引起重视。官方为了不引起人民的恐慌，并不让居民了解事情的全部真相，从而导致许多人在撤离前就已经吸收了大量致命的辐射。

当事故发生了7天后，苏联官方才接到了从瑞典政府发来的信息。此时的辐射云已经飘散到瑞典，苏联才明白事情并没有他们想象中的那么简单。在之后的日子里，苏联政府动用了无数人力物力，终于将反应堆的大火扑灭，并控制住了辐射，这时很多清理人员也被强烈的辐射伤害了。

核爆炸并不是爆炸完就结束

这次核爆炸是"二战"以来最大的核灾难，有5.5万人在抢险救援工作中因辐射而死亡，15万人残废，并且还造成了大量的生态难民。在苏联有15万平方千米的土地受到了核辐射的直接污染，300万人受害。这是一个多么庞大的数字啊！爆炸释放出来的放射性物质使数万人甲状腺受损，儿童得白血病的比率高出了正常标准的2～4倍。由于辐射导致人体染色体变异，灾难后便出现了许多畸形儿。

白俄罗斯是受核污染最严重的地方，1350万人口中有150万人生活在受放射性物质影响的地区，其中40多万是儿童，这些儿童有1/10患有各种放射病，他们是祖国的未来，却没能拥有一个健康的体魄，这真是人类的悲哀！

20多年过去了，那里的人们仍然没有完全摆脱核污染，专家曾说过，至少还需要100年的时间才能彻底消除。切尔诺贝利核电站曾经是苏联的骄傲，而此时却是人们内心无法摆脱的伤痛。灾难发生了，核电站也关闭了，可是这样悲痛的记忆人们永远无法忘记。因为它时刻提醒着我们，要为自己的行为负责任。

你预测不到我们，哈哈……

我是核能考察员，无论什么问题都会预测到。

核泄漏并没有影响到世界各地核能的发展

尽管切尔诺贝利核泄漏的巨大灾难使民众形成了恐惧核能的心理，但却并没有阻止和平利用核能作为能源的步伐。因为，世界各国仅靠石油已不能满足经济增长的需求。曾经受灾最深的乌克兰首先积极开发核能。目前，乌克兰有4个核电厂，15个反应炉，供应全国50%的电力。乌克兰的目标是到2030年，靠核能供应60%～70%的电力。

仍是未解之谜的 通古斯大爆炸

爆炸的声音总是震耳欲聋，哪怕发生爆炸的地方不在身边，通过声音我们依然可以身临其境地感受到那种震颤，真是让人情不自禁地颤抖。当然除了巨大的声音，爆炸还有另外一个特点——放出大量的热。如果很不幸，发生爆炸的地方就在你的附近，那么你的皮肤很容易就会像烤鸡一样被烤焦，只要想象一下，就会觉得毛骨悚然。人类历史上的爆炸事件很多，如果说起最神秘、最惊心动魄的，就不得不提通古斯大爆炸了。

烧着了的动物白骨。

大火弥漫着的树木。

这场景好恐怖啊！

莫名其妙发生的通古斯大爆炸

通古斯河是一条安静的河流，它一直默默无闻地流淌着。可是伴随着1908年6月30日的巨响，它被全世界所熟知了。

当地时间早上7时15分左右，通古斯河畔发生了一声"嘭"的巨响，同时巨大的蘑菇云腾空而起，天空顿时出现了一道刺眼的白光，气温也突然升高了。此时当地人观察到一个巨大的火球划过天空，这个火球的亮度可以同太阳相比。数分钟后，一道强光照亮了整个天空，并且观察到了蕈状云。爆炸后，爆炸中心生机勃勃的树木全被烧焦，70千米以内的人被严重烧伤。由于爆炸声音太大，在毫无防备的情况下，刚刚还能够听到巨响的人们，下一秒钟竟然被声响震聋了耳朵，从此，再也听不到声音了。紧跟着冲击波将附近窗户的玻璃全部震碎，不但附近的居民被突然到来的大爆炸吓得惊恐万分，而且这个爆炸还涉及到其他国家：英国首都伦敦因此电灯突然熄灭，一片黑暗，整个城市弥漫在恐怖的气氛之中；欧洲很多国家的人们在黑暗的夜空中看到了白昼般的闪光；甚至在遥远的美国都能够感到抖动的大地……

我们不难想到这次大爆炸有多么大的破坏力！据后来的估计，这次大爆炸的能量相当于1500万～2000万吨炸药的威力，并且使超过2000多平方千米内的6000万棵树全部倒下。同时这个爆炸还造成了大气压的不稳定，甚至在数个月之后，大气的透明度还在降低。

神秘的通古斯大爆炸——与广岛被炸后的情况相似

通古斯附近发生了大爆炸以后，当时的俄国根本无力作出调查，所以人们笼统地把这次爆炸称为"通古斯大爆炸"。等到苏维埃政权建立了以后，政府才派物理学家去通古斯地区考察，并进行了空中勘测。发现爆炸造成的破坏面积达2万多平方千米，可是奇怪的是爆炸中心的树没有完全倒下，不过树叶却完全烧焦了。并且发现爆炸后的树长得非常快，就连年轮的宽度都增加了好几倍，曾经在爆炸地区生活的驯鹿都得了一种奇怪的皮肤病。

后来由于第二次世界大战的爆发，考察被迫停止。等到"二战"以后，广岛被原子弹轰炸。看着广岛的废墟，苏联的一位物理学家想到了通古斯大爆炸，它们之间有太多的相似之处了。首先爆炸中心受破坏，树木直立而没有倒下；其次爆炸中人畜死亡，都是核辐射造成的；在通古斯拍到的那些枯树林立、枝干烧焦的照片，看上去也同广岛十分相似。难道通古斯大爆炸

我是爆炸后的蘑菇云！

是不是外星人经过的时候突然坠机？

是一艘外星人驾驶的核动力宇宙飞船，在降落过程中发生故障而引起的一场核爆炸？

至今未解的通古斯大爆炸之谜

通古斯大爆炸同外星人有关？这种说法一出现，引起了强烈反应。支持的人和反对的人都不少。趁机就有人推测说是飞船来到这一地区是为了在贝加尔湖取得淡水，还有人说通古斯驯鹿所得的怪病和美国新墨西哥进行核试验后当地牛群受到辐射后的皮肤病很相像。

1973年，一些美国科学家对此提出了新见解，他们认为爆炸是宇宙黑洞造成的。他们猜测是某个

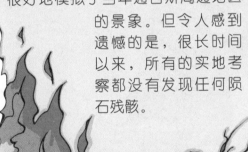

第一位到达通古斯现场的专家

在通古斯大爆炸之后，第一位到达现场的是苏联科学家莱奥尼德·库利克。他认为1908年通古斯大爆炸是由于一颗流星落到了地面。后来，美国科学家也在实验室里用计算机模拟出了陨石高速撞地引发的大爆炸效果，并运用计算机很好地模拟了当年通古斯周边地区的景象。但令人感到遗憾的是，很长时间以来，所有的实地考察都没有发现任何陨石残骸。

小型黑洞运行在冰岛和纽芬兰之间的太平洋上空时，引发了这场爆炸。但是关于黑洞人们了解得实在是太少了，所以黑洞之说是否存在都是个问题。因此，这种见解也还缺少足够的证据。直到今天，通古斯大爆炸之谜仍未解开。

一瞬间的事儿！飞机支离破碎……

离奇的
狄斯阿波空难

人们对天空总是充满了幻想，就好像在那片神奇的国度之中，有着你意想不到的一切。可是自从1903年第一架飞机从莱特兄弟手上研制出来以后，空难就好像魔鬼一样，总是不断地抢占着各大报纸的头版头条，甚至还有许许多多无法理解的空难悬案，而其中最让人不可思议的，就是发生在1944年9月18日的狄斯阿波空难了。

你找到了吗？下面有没有人哪？

莫名其妙中断的联系

根据记载，在1944年9月18日这一天，有一架C-47训练机从美国亚历山大群岛上的艾勒蒙多夫空军基地起飞，去执行一项飞行任务。它在途中将经过塔肯拿山，最终

没有啊，只有破碎的飞机残骸，咱们再找找吧！

进入北极圈内，前往阿拉斯加的安德鲁
空军基地，航程大约在1600千米左右。
C-47训练机上的柯勒机长是艾勒蒙多夫
空军基地首屈一指的飞行专家，这样的飞行对于他来说是再简单不
过的任务了，况且这一天还是晴空万里，是最适合飞行的好天气。

　　傍晚，C-47训练机载着19人顺利地升上了天空，按照指定的
航线飞行着，并定时向地面的航空站做着情况报告。所有人神色轻
松，因为最多三四个小时以后，他们就可以吃到阿拉斯加的特产
了。当然大家都把这一次飞行当成了一次特别的旅游，C-47训练机
每隔一段时间就会与地面航空站联系一次，可当飞机起飞以后半个
小时，当飞机上的柯勒机长向地面航空站报告完自己正在飞越大约
3000米高的塔肯拿山以后，就再也没有C-47训练机的报告了。也就
是说，C-47训练机与地面航空站之间的联系，突然中断了。

破碎的机身，扭曲的残骸

　　当C-47训练机联系突然中断的时候，地面航空站的值勤人员
立即感觉到了一丝不妙的气息，于是立即将C-47训练机失去联系的
消息通知了美国空军的有关部门。接到报告的美国空军和民航应急
营救机构，即刻便派出了营救直升机前往塔肯拿山区进行搜索。不
久之后，就在离塔肯拿山不远的狄斯阿波峰的悬崖峭壁上，发现了
C-47训练机的残骸。但由于在陡峭的悬崖上找不到一处可以停泊直
升机的平坦空地，而那个时候的直升机又没有悬停的能力，不能在
空中用绳梯放营救人员下去。因此，他们只能在拍摄了一些空难现

场的照片以后就返航了。

通过照片人们可以看到：被挤压得完全变了形的飞机残骸，压成扁平状的机翼之前的机身，散落一地的机翼和其他被撞碎了的飞机零部件，被挤破但是却并没有发生爆炸的油箱。这一切，都被深埋在由于撞击而引起的小范围坍塌的积雪之中。

C-47训练机的柯勒机长是一位有将近2000小时飞行经验的老机长了，在美国空军中知名度很高，像这种在晴朗的夜空中莫名其妙偏离航线，从而撞到山峰上，造成机毁人亡的低级错误，简直就是不可思议。可是后来，当搜索调查队带着一切必备的物资，以徒步的方式到达现场时，却发现了另一件不可置信的事情。

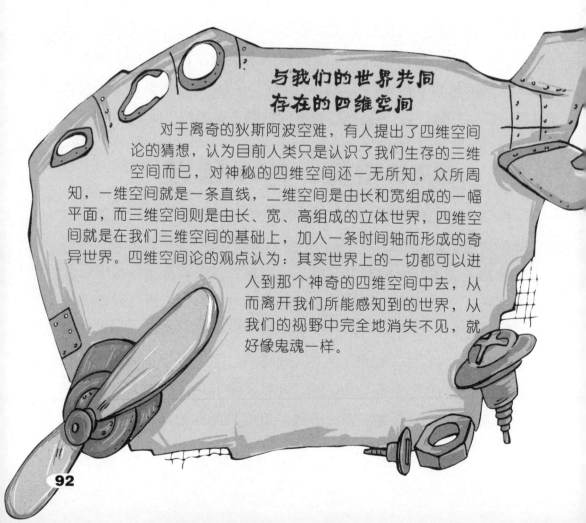

与我们的世界共同存在的四维空间

对于离奇的狄斯阿波空难，有人提出了四维空间论的猜想，认为目前人类只是认识了我们生存的三维空间而已，对神秘的四维空间还一无所知，众所周知，一维空间就是一条直线，二维空间是由长和宽组成的一幅平面，而三维空间则是由长、宽、高组成的立体世界，四维空间就是在我们三维空间的基础上，加入一条时间轴而形成的奇异世界。四维空间论的观点认为：其实世界上的一切都可以进入到那个神奇的四维空间中去，从而离开我们所能感知到的世界，从我们的视野中完全地消失不见，就好像鬼魂一样。

喂，奇怪C-47上的成员怎么联系不到了呢？

像空气一样消失的人

像这样机毁人亡的航空事故并不是没有发生过，而且又是在气候这样恶劣的山区之中，没有人对C-47上的成员抱有一丝的幸存希望。搜索调查队的任务也仅仅只是找到那遇难的19具尸体以及他们的遗物，将他们完好无损地带回去，以抚慰他们亲人痛苦的心灵罢了。然而，当搜索调查队的队员们拆开飞机的残骸，进入到内部的时候，却只见到了一些被压扁了的座椅和一些没有死死扣住的安全带，那些原本应该坐在椅子上的人都失去了踪影，现场没有留下任何的尸体碎片或者是血迹，甚至连他们随身携带的背囊行李也都不翼而飞了。

随后，搜索调查队开始清查那些散落在附近的飞机碎片，结果发现飞机上所有的部件都可以在四周找到，但就是没有那19名成员和他们背包行李的任何痕迹。紧接着，队员们进一步扩大了搜索范围，甚至把飞机坠毁悬崖旁边的所有冰封裂谷都找了个遍，却仍然一无所获。那么，飞机上的19名成员以及他们的背囊行李究竟到什么地方去了呢？至今仍无人知晓，以至于狄斯阿波空难成了人类历史上一桩最大的悬案。

使你慢慢地融化，五脏六腑大出血

人间的"凶器"
——埃博拉病毒

如果说，在这个世界上有什么东西最让人感觉到恐惧的话，那么一定就是非埃博拉病毒莫属了。不仅仅是因为它那很高的死亡率，同时也是因为它死亡前的惨状。曾经有一位医生作出过这样的评价：如果把艾滋病病人死前一年的惨状集中到一个星期内出现，那就是埃博拉病毒。

好痛苦啊！感觉五脏六腑正在融化一般，撕心裂肺地痛！

埃博拉病毒的出现

　　埃博拉病毒是一种神秘而危险的病毒，它最早出现在非洲一条名为埃博拉河附近的小村庄中，那一年是1976年，这种病毒在埃博拉河附近的55个村庄以及邻国苏丹和埃塞俄比亚大肆流行，造成了1000多人的死亡。医生们经过研究，发现了这种置人于死地的病毒，并称它为"埃博拉病毒"。

在1995年，埃博拉病毒又再次光临非洲刚果共和国，一位30多岁的医学实验员突然得病被送进医院，经过两次手术他的内脏出血仍然没有止住，并且很快就死亡了。在病人死后不久，给他做手术的医生、护士也陆续病倒，而且都出现了与死者相同的症状：头痛、发烧、全身内脏大出血，很快也都相继死亡。一个星期之后，死亡的人数越来越多，整个刚果人心惶惶，谁也不知道这种可怕的病症什么时候会暴发在自己身上。

为了警告人们这种病毒的可怕，政府在街上挂满了宣传画，从而提醒人们要警惕埃博拉病毒。同时，政府还采取了一系列的措施来控制病毒的蔓延，可是效果实在微乎其微。其实，为了避免病毒

这病毒真猖狂！

的传播，最好的方法就是将死者的尸体火化，可是当地的人们有一个十分奇特的风俗：他们认为死者入葬前必须要有亲人的陪伴，并且要亲手为他洗净身体，这样就加速了埃博拉病毒的传播。在当时的荒郊野外有很多无人认领的尸体，他们横七竖八地躺在荒凉的土地上，场面看起来凄惨极了。

恐怖的致命病毒

其实埃博拉病毒是一种丝状的病毒，在显微镜下观察，就好像玉如意一般，但是它代表的却不是什么吉祥如意，而是死亡。埃

好疼啊！我吐血了？！

博拉病毒与造成艾滋病的病毒有许多相似之处，不过埃博拉病毒的"杀人"速度却比艾滋病病毒要快得多。在开始的时候，病毒感染者的症状表现和一般的感冒没什么区别，仅仅只会感觉到发热、头痛、咽喉痛和胸闷等等。但是几天以后，它就会开始侵蚀人的血细胞，并把自身的基因片段复制到血细胞中。这时候人的血细胞便开始成片地死亡，并且凝结在一起阻塞血管，从而切断全身的血液供应。

不仅如此，埃博拉病毒中的特有蛋白质还会攻击用来固定身体器官的连接组织。当它把器官中的主要胶原蛋白变成浆状物的时候，器官的表面就会开始出现孔洞，而器官里面的鲜血就会顺着孔洞倾泻而出。这个时候，就能清晰地看到皮肤下面的血斑以及形成水疱的液化死皮。到了这个时候，人的全身都会出血，不管是内脏还是皮肤，或是眼睛、鼻子，都会流血不止。当然，这些都只是表面现象，其实在身体的内部，所有的器官都已经化脓腐烂了，崩溃的血管和肠子都会像水一样在肚子里漂浮着，实在是太恐怖了！

不会大范围流行的埃博拉

在科技如此发达的今天，医学界仍然没有研制出可以战胜埃博拉病毒的药物。因此只要感染上这种病毒，一般就会有80%的人与死神亲密接触。不过值得人们庆幸的是，埃博拉病毒并不会大范围地流行。原来这种病毒在患者得病的早期，并没有很高的传染能力。可是随着疾病的加重，病人的排泄物中就会携带病毒，并且开始逐渐加重。再加上埃博拉病毒的生存时间很短暂，只要人被感染，就会加速人们的死亡速度。等到感染者卧床不起，无法运动的时候，只要不接触其他人，病毒的传播途径就被切断了。因此埃博拉病毒通常是在小范围内传播，并迅速致人于死亡。

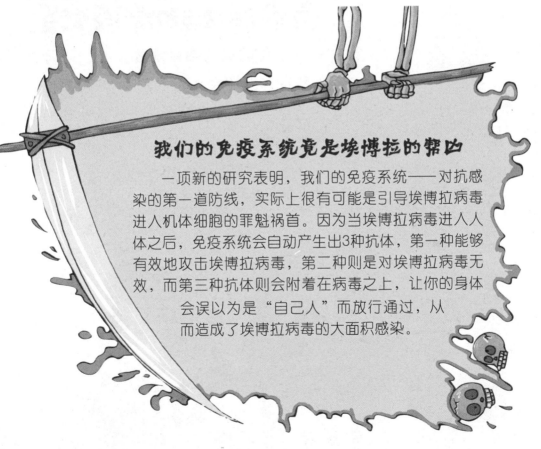

我们的免疫系统竟是埃博拉的帮凶

一项新的研究表明，我们的免疫系统——对抗感染的第一道防线，实际上很有可能是引导埃博拉病毒进入机体细胞的罪魁祸首。因为当埃博拉病毒进入人体之后，免疫系统会自动产生出3种抗体，第一种能够有效地攻击埃博拉病毒，第二种则是对埃博拉病毒无效，而第三种抗体则会附着在病毒之上，让你的身体会误以为是"自己人"而放行通过，从而造成了埃博拉病毒的大面积感染。

一点火星儿突然变成熊熊大火

毁灭全城的伦敦大火

赶紧跑，千万不能烧着了。

我们都知道，当家里失火以后要赶紧拨打119火警电话，这样可以迅速得到消防队的帮忙，从而将家里的大火扑灭，否则无情的大火不但能把整个房子烧掉，甚至还会危及周围人们的生命安全。曾经有过这样一场大火，它几乎将整个城市吞没，给人们带来了巨大损失。这场大火就是发生在1666年的伦敦大火。

从面包房传出的燎原火星

布丁巷位于伦敦城的拥挤地区中心，同时也是附近伊斯特奇普市场的垃圾堆放地，一般的伦敦平民都住在那里，而就是这样的一个极其普通的地方，却毁了整个伦敦。

妈呀，怎么这么大火呀？从哪里着的火啊？有没有死人呢？

救命啊！快逃啊！

面包烤好了！可以下班了，哈哈……

让我们把时针拨回到1666年9月2日的凌晨2点，当一位面包师傅在一天的工作结束之后，却忘记了关上烤面包的炉子。这时候，"惊喜万分"的火苗就立刻蹿出了炉子，进而烧着了整间面包店，同时，还引燃了附近一家客栈庭院中的干草堆。熊熊火焰冲天而起，无数的居民迅速地跑到街上围观，但是却没有任何人感觉到震惊。因为当时的伦敦到处都是木质结构的房子，起火似乎都是司空见惯的"小事"，而且，以往的大火也并没有酿成任何的大祸。所以人们理所应当地认为这次大火也一样，包括当时伦敦市长在内的所有人都是这么认为的。甚至，当伦敦市长在视察了现场之后还这样说道："呸！这样的小火，一泡尿就可以浇灭！"

当晚，就是住在附近的一位爵士，在看到大火之后也并没有在意，站在窗前看了一下后，就又倒头大睡了，甚至于在第二天都没有把这件事情告诉国王。因为那一天是星期天，他觉得没有必要因为这么一件"小事"，去打扰国王愉快的假日。

大火毁灭了整个伦敦，却只有8人丧生

不过以后的事态却并没有按照市长和那位爵士的预测，朝着乐观方向发展。恰恰相反，火势的发展完全超出了所有人的预料，仅仅一天的时间，大火就烧到了伦敦的泰晤士河畔，岸边的那些装满了木材、油料和煤炭的仓库就像是炸弹一样，一个接着一个地发生了爆炸。并且在热风的不断吹拂下，大火迅速地扑向了整个伦敦。

3天以后，整个伦敦就已经有超过1300间房屋和87个教区的教堂化为灰烬，300亩的土地被烧成了焦土，就连在泰晤士河对岸的市政厅和伦敦市金融中心的王室交易所也不能幸免。其中，灾情最严重的还要属圣保罗大教堂了，大火产生的热浪引得石造物发生了爆炸，许多古墓就这样被炸开了，露出了许多难看的木乃伊形状的尸体。整个大教堂的顶部在大火中熔化，那些被熔化的铅溶物淹没了附近的街道。然而幸运的是，大多数的居民都有着充裕的时间逃离灾区，在伦敦的道路上，你常常能看到许多装载着各种家产的手推小车。在这场毁灭了整个伦敦的大火中，却只有8个人丧生火海。

消失在大火中的鼠疫

不过福祸相依，这样一场大火虽然焚毁了整个伦敦，但是同时也帮助他们解决了困扰他们3个多世纪的鼠疫。

鼠疫第一次袭击英国是在1348年，断断续续地持续了3个多世纪，整个英国有将近1/3的人口都是死于鼠疫。而到了1665年，一场严重的鼠疫几乎肆虐了整个欧洲，仅伦敦地区就有超过6万人因此丧生。在6月到8月的短短3个月时间里，伦敦的人口就锐减了1/10，到了9月以后，每周的死亡人数竟然高达8000人以上。随着鼠疫的继续蔓延，整个英国王室举家迁徙，逃出伦敦，其他的富人也有样学样，纷纷拖家带口仓皇出逃，到牛津等乡间地方暂时居住。

但是在1666年的大火中，数量巨大的老鼠随着房屋的倒塌而葬身火海，不仅如此，就连那些藏身在地窖中的老鼠也不能幸免。后来，伦敦重建，吸取了大火的教训，采用石头代替原有的木质房屋，并且极大地改善了卫生，于是，那困扰了英国长达3个多世纪的鼠疫也就随之烟消云散了。

置之死地而后生的灾难

我们知道，一场毁灭了整个伦敦的大火带走了鼠疫，但是，这场大火的意外效果可不仅如此，毁于大火中的伦敦需要重建，而伦敦重建则强有力地拉动了内需。1666年10月1日，英国王室聘请了一位建筑大师参与了伦敦的重建，重建工程包括皇家的肯辛顿宫、汉普顿宫、大火纪念柱、皇家交易所和格林尼治天文台，当然，还有在大火中遭到焚毁的圣保罗大教堂，也正是这些工程，让英国的经济开始腾飞。其中圣保罗大教堂从1675年开始重建，直到1710年才算完工，整个工程耗费了75万英镑。对此，就连英国人自己也自嘲地说："如果没有那场大火，伦敦乃至整个英国的经济也许都不会有这么快的起色。"

这地都裂缝了，下一场雨吧！

正在"消失"的咸海

任何事物都有它内在发展的规律，就像一棵小树，如果给它充足的养料，或许它会顺利长成一棵参天大树，可以不断地为我们人类提供氧气。但是如果在它成长的过程中，你破坏了它的根和枝，相信它很快会因为得不到营养而死掉。其实现在的咸海就同这棵小树一样，因为很多的外在原因，身为世界第四大水体的咸海竟然要慢慢消失了。这不仅是咸海的悲哀，也是我们人类的灾难。

曾经是世界上最大内陆湖的咸海

提到咸海，你一定会问，咸海的水很咸吗？答案是肯定的，因为湖水的蒸发量远大于

好可怜的鱼儿，就这样被渴死了。

水慢慢地蒸发，一点点儿消失，鱼在死亡中挣扎！

流入量，所以相对于淡水湖，咸海的水要咸很多。它地处于哈萨克斯坦和乌兹别克斯坦之间，是一个内流咸水湖。而阿姆河和锡尔河就像它的两位母亲，在不断地供给咸海水源。当然，咸海曾经是世界上最大的内陆湖。

希望今年的棉花能有个好收成啊！

咸海曾经有过非常辉煌的时期，当时沿海的渔业非常发达。在那里有数万人从事这方面的工作，可以说那时候人们的生活和工作都离不开它。可是，人们并不懂得感恩和满足，总是将阿姆河和锡尔河的河水大量用于农业和工业，所以流入咸海的水越来越少了。而咸海本身的盐分又很高，水分蒸发的速度也很快，就这样，咸海开始一点点地变小了……

无法阻挡咸海的干涸

1960年，咸海还是一个大湖，当时的面积是6.8万平方千米。那时候的人们依靠它幸福地生活着。可是随着时间的推移，它开始逐渐缩小了。到了1987年，原来的大湖中间开始干涸，分成了两个部分：北咸海和南咸海。到1998年以后，咸海已经缩小到了2.9万平方千米，并且被分割成了两个小湖。曾是世界第一的大湖已经沦为了第八大湖，而它的含盐量却变成了原来的4倍。在2003年的

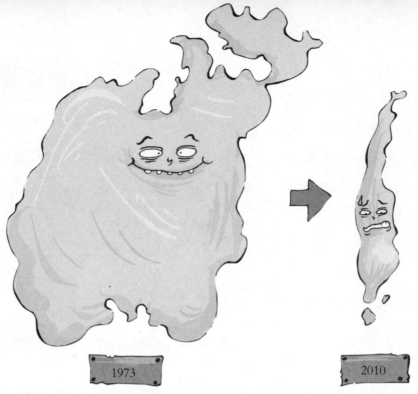

1973

2010

时候，南咸海又分成了东咸海和西咸海。往日的咸海已经不复存在，渐渐地，咸海只剩下1.7万平方千米了，成了由3个小湖组成的湖群。到了2007年，3个小咸海的面积综合起来只是咸海原来的10%。虽然水量在不断地减小，可是含盐量却在不断地增加，湖中的鱼大多数都咸死了，剩下的只有咸鱼了。

科学家发现，每年都有一定量的地下水涌进咸海，丰富的地下水量出乎专家的预料，但这也没法阻止咸海的干涸。2014年，咸海大部分干涸消失，预计若干年后，咸海将完全消失。往日热闹的咸海已经成为了历史，人们只能眼睁睁地看着它一点点消失，最后退出人们的视线。

是谁向咸海伸出了罪恶之手

为什么咸海在不断地缩小，是谁向它伸出了罪恶之手呢？原来，在20世纪初，刚成立的苏维埃政府就想将咸海南部的阿姆河和北部的锡尔河改道，来灌溉水稻、棉花等农产品，人们称这个计

可怜的鱼，我也无能为力了！听天由命吧！

最后一滴水也被抽走了，太狠心了。

咸海引来的灾害

原来的咸海是人类最亲密的伙伴，人们的生活是离不开它的，可是在它受到了"伤害"之后，开始不断用"行动"来回馈我们人类。

由于湖水不断地蒸发，咸海开始大面积地干涸，此时湖底碱开始裸露。在风力的作用下，大量的盐碱开始撒向周围地区，使咸海周围地区逐渐沙漠化。流沙的发展越来越快，于是就形成了含盐量很大的风暴和盐沙暴。每年发生这种沙暴的次数都在增加，有上亿吨的有毒混合物从盐床上刮起，吹向碧绿的草原，吹向城镇，也吹向覆盖了阿姆河河谷肥沃的农田。

划为"棉花计划"。不过，水渠的质量很差，有很多水蒸发和泄漏，白白地浪费了。

渐渐地，咸海水平面以每年20厘米的速度开始下降；到了20世纪70年代，速度已经到了每年50～60厘米；到了20世纪80年代，速度达到了每年80～90厘米。棉花的产量在湖水的灌溉下每年都在增加，可是"咸海"已经不复存在了。就是因为这样过度地取水，才给咸海带来了如此大的灾难，而人们看似并不知道悔改，认为咸海本身就会消亡，与其眼睁睁地让它蒸发掉，不如好好地利用这些水。

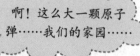

一个小东西可以产生无穷的力量

袭击广岛的
"小男孩"

啊！这么大一颗原子弹……我们的家园……

每年的8月6日，在日本的广岛，社会各界人士都会聚集在一起。他们有的在和平纪念公园的原子弹爆炸受害者纪念碑前祈祷；有的在原子弹爆炸的遗址前点燃飘在河中的灯，来纪念死者；还有的会手持和平标语在广岛进行反战争和反核武器的游行，这是怎么回事呢？人们为什么都要在8月6日这一天聚集到广岛呢？这一切都要从1945年8月6日那天说起。

一声爆炸结束的战争

1945年8月6日，是一个十分平常的日子。在这个时候，人类历史上规模最大、被卷入国家最多，同时也是死亡人数和经济损失最大的战争——第二次世界大战已经接近尾声。之前，意大利和德国先后宣布无条件投降了，日本的战败已成定局。但是当时的美国政府为了迫使日本尽快投降，美国总统杜鲁门决定在日本的广岛使用当时的超级武器——原子弹。

清晨，日本广岛的上空飘着少量的白云，当美国的3架B-29轰炸机呼啸着飞入广岛上空时，凄厉的防空警报被拉响，但是大部分的广岛市民却并未进入防空掩体内，而是站在原地仰望飞过的美军轰炸机。这是因为在此之前，B-29轰炸机几乎每天都要飞来"训练"一番，也不进行轰炸，只是飞过来转一圈就走。所以广岛的市民都已经习以为常了，以为这一次美军的飞机还会像以前一样，飞过来转一圈就离开。可是这一次，所有人都想错了。当一道刺目的光从广岛的天空划过，一个巨大的蘑菇云带着10多万条生命升起的时候，全世界都知道，第二次世界大战——这场全人类的浩劫，就要结束了。果不其然，仅仅在9天之后，日本就宣布无条件投降了。

焚毁广岛的可怕蘑菇云

虽然战争结束了，但是原子弹的可怕，让所有亲身经历过的人都记忆犹新。在1945年8月6日上午的9点14分，当那架装载有原子弹的轰炸机上的瞄准仪对准

救命呀，这是什么东西这么大威力？

了广岛上的一座桥时，自动装置被打开了，那颗被命名为"小男孩"的原子弹从打开的舱门跌入空中，并在离地600米的空中突然爆炸。随着一个巨大的蘑菇云升腾而起，整个广岛市沦为了一片火海。

原子弹爆炸所产生的强烈光波，使得不计其数的人在瞬间双目失明，那比太阳中心还要高得多的温度，把一切都烧成了灰烬。猛烈的冲击波就像一只无形的大手，以摧枯拉朽之势，一下子就将所有的建筑物都摧毁殆尽。如果处在爆炸的中心，无论是人还是物，都会在一刹那间被分解成比细菌还要小无数倍的原子；而离爆炸中心远一些的地方，我们还可以看到一具具没有被完全烧毁的焦黑尸骨；再远一些的地方，虽然还有侥幸活着的人，但不是身上的皮肤、肌肉被烧没了，就是两个眼睛被烧成了两个窟窿；哪怕在离爆炸中心16千米以外的地方，人们依然可以感觉得到那股充满着死亡气息的灼热气流。

难以想象的核武器家族

当1945年美国制造出第一颗原子弹以后，时至今日，已经有半个多世纪的时间了。而随着科技的发展，核武器家族也在不断地扩充，除了当年毁灭了广岛和长崎的原子弹之外，威力更大的氢弹、只利用冲击波辐射"杀人不毁物"的中子弹和利用核爆炸的巨大能量扰乱大气中电磁波传输的电磁脉冲弹，以及体积虽然只有一个棒球大小，但是威力却不弱于原子弹的红汞核弹，它们都纷纷在人类的智慧中闪亮登场。

要坠毁了！

让人畸形的辐射后遗症

据不完全统计，当时的广岛，人口为34万左右，而一颗"小男孩"的爆炸，仅仅当天就造成了将近9万人的死亡，其他负伤和失踪的人数为5万人左右，全市一半以上的建筑物被完全毁坏。此后，原子弹爆炸遗留的大量辐射，同样也给当地居民带来了不可磨灭的灾难。第二次世界大战结束以后第一个踏上日本的战地记者曾这样描述："在这个被夷为平地的城市里，我完全看不到生机，放眼望去，全是狼藉，我感觉我自己就是站在一片战争的废墟之上。我看到了一位因为辐射而全身变形的妇女，痛苦的呻吟声从她那已经发黑的嘴里传了出来，眼神中满是恐惧和绝望。随后，她痉挛了几下就不动了，这时我才意识到，或许死是她唯一的解脱吧！"

不仅如此，这位战地记者还看到了更多恐怖的景象，有些人全身被烧得焦黑，就像煤炭一样；有些人的腿上和手臂上都是被辐射灼烧的红点；还有一些人的身体上，就像犀牛一样盖上了一层厚厚的"皮甲"，而这层"皮甲"，据说是他的皮肉被过量的辐射以后形成的；而更多的人，他们有的发高烧、内出血、掉发、呕吐和内分泌失调，甚至还会导致后代的畸形和怪胎等等。这一切，都是原子弹辐射留下的后遗症。

妈呀，这是什么呀？好难闻！

汞

自作自受的 水俣病

H_g

当从工业区的河边走过时，总能看到一个个排水管。它们不停地向河里倾泻着脏兮兮的工业废水，这其实是一种完全藐视生态平衡的不负责行为。要知道，这些未经处理的工业废水不仅能够引起霍乱等一些急性传染病，还包含了一些能使人患上稀奇古怪病症的有毒元素。而发生在日本的一次水俣病，也许能给我们一些启示。

被"恶灵"附身而自杀的猫

水俣是日本的一个地名，那里拥有4万的居民和周围村庄的1万多农民和渔民。在1925年，一家化工厂在此地建立，由于经营得当，化工厂越来越大，可是该化工厂的老板为了追求最大利益，就将未处理的大量含汞的污水排入了水俣湾。当时人们的环保意识薄弱，并没有在意。可是福祸相依，过度的污染环境，迟早会招来大自然的"回报"。

在日本，很多人都喜欢养猫，然而从1952年开始，很多猫都出现了行为的异常：走路跌跌撞撞的，就好像喝醉了酒一样，甚至还会经常流口水和没缘由地狂奔，或者是在原地打转，当地居民给猫的这种病症取名叫"跳舞病"。到了1953年，更恐怖的事情发生了，一些猫就好像被恶灵附身了一样，开始莫名其妙地相继投海自杀，而且病症愈演愈烈，不仅水俣湾如此，就连水俣湾对岸的好几个岛屿也发生了相似的事件。在短短一年之内，投海自杀的猫的总数就达到了5万之多，以至于周围渔村的猫几乎都绝迹了。紧接着，狗和猪也开始出现了类似的情形。在当时的海湾中，一具具猫狗的尸体漂浮着，臭气熏天，这一切仿佛是大自然对人类的无声控诉。

人类自己给自己带来的可怕病症

其实，自杀猫的事情很早就有了征兆，在1950年的时候，水俣湾上就已经怪事连连了。常常有成群的海鱼漂浮在海面，任人捕捞，也不躲避，而且，这些被捕上岸的鱼既不翻也不跳，就好像被判了死刑的犯人一样——认命了。不仅如此，在水俣湾出海口的沙滩上，充斥着大量的死鱼尸体，散发着阵阵恶臭。在几年之内，水俣湾鱼的数量锐减了80%，只不过在那个时候，人们虽然感觉奇怪，但也仅仅以为是气候异常所致，并未给予太大的关注。

猫咪粘上这个东西会死，我粘上了是不是也会死？

猫咪也会集体自杀？这是为什么？

终于，到后来这种病症蔓延到了人的身上，1956年，一个接着一个生怪病的人被送到了医院。他们开始的时候只是口齿不清、步态不稳和面部痴呆，但到了后来，就变成了全身麻木和耳聋眼瞎，最后会发展到精神失常，全身性痉挛频发，手足弯曲变形，就好像那些"自杀"的猫一样，莫名其妙地死去。并且病情还有不断蔓延的趋势，这样一来，才引起了当地人们的高度注意。在当地大学医院成立的调查小组的调查下，终于发现了病症的源头，就是水俣市的化工厂排出的那些未经处理的工业废水中，含有大量的甲基汞，而这些甲基汞随着时间的推移，不断地在人体内堆积着，最终暴发形成了水俣病。

被掏空的脑组织

甲基汞当中的汞，其实就是我们常说的水银。众所周知，水银是有剧毒的，而当甲基汞进入人体以后，会在胃酸的作用下形成更易于人体吸收的氯化甲基汞并随着肠道进入血液之中，与红细胞和血红蛋白相结合，最终会进入人的大脑，其次是肝和肾。如果人体摄入了少量的甲基汞，只会出现一些如肝病、肾脏炎和高血压等普通的疾病，但是当甲基汞累积到了一定的程度之后，就会逐渐产生知觉障碍，如视野变得狭窄、四肢神经失调、动作迟缓和言语困难等，如果更加严重的时候，则会陷入昏

港湾的"定时炸弹"

水俣病是一种由汞直接对海洋环境的污染造成的公害，迄今为止在世界的很多地方都发生过类似的中毒事件，同时，其他一些化学性质与汞相近的重金属都可以对人体造成不可弥补的损害。不仅如此，当港湾中的沉积物达到饱和状态以后，就会造成港湾泥沙的缺氧，一些厌氧生物就可以自行合成甲基汞。这样一来港湾就像一颗定时炸弹一样，随时要让人类无节制的污染环境行为付出惨烈的代价。

Hg

痛苦啊，还不如自杀呢。

迷，全身不由自主地痉挛，最终导致死亡。

如果这个时候将死者大脑解剖的话，就会看到一个海绵状的大脑，里面一个一个的小孔洞。人们一旦患上这种病，就会完全无药可治。更为可怕的是，这种病还能通过母亲传染给下一代，哪怕孕妇再健康，当她体内含有甲基汞的时候，肚子里的婴儿脑组织也会受其影响发育不完全，更严重的时候会直接生出死胎和怪胎。

水俣病是可怕的，它不但带走了人们的身体健康，同时也带走了人们安定生活的心。其实这种人为灾难是可以避免的，只要人们多注意保护自然，自然回馈给我们的就不再是无穷的灾难。

就像在地狱一样，"享受"百般折磨

让人闻之色变的
库巴唐死亡谷

怎么没有脑子啊？
真可怕！

环境保护问题对于现在的我们来说，已经不再是什么新鲜事了，不管是在电视上，还是在报纸上，我们总是能见到许许多多有关于环保的信息，甚至联合国还在1972年将每年的6月5日定为世界环境日。但是你知道吗？这些观念的产生都是建立在一个个鲜血淋漓的教训上的，而发生在巴西库巴唐的灾难，显然就是一记清脆的警钟。

一出生就没有脑子的婴儿

库巴唐是位于巴西圣保罗以南60千米的城市，它在一片郁郁葱葱的群山环绕之中，景色十分优美。在20世纪60年代的时候，库巴唐市出于经济发展的需要，陆陆续续引进了炼油、石化和炼铁等外资企业300多家，城市人口也猛增至10多万，成为了圣保罗不可或缺的工业卫星城。然而这些企业主们为了获取最大的经济利益，开始任意地排放废气、废水，使得整个城市浓烟弥漫、臭水横流。站在城市里，你可以清晰地闻到充斥在空气中的那股令人作呕的腐臭气味。

在20世纪80年代的某一天，就是在这样一个遭受到重度污染的城市里，一位即将生产的本地孕妇被送到了医院。然而，当胎儿生出来以后，转眼就在一声刺耳的尖叫声中死去了。据医院的记录显示，这个婴儿有着和其他健康婴儿完全不同的外表，他的头部根本就没有发育完全，甚至连最基本的颅骨都没有，畸形的大脑组织暴露在外面，就好像没有头脑一样，因此被人们形象地称为"无脑婴儿"。这仅仅只是个开始，此后，在库巴唐市，又接二连三地出生了数十个无脑婴儿。

被光化学烟雾笼罩的城市

毫无疑问，无脑婴儿的降生与库巴唐市的环境污染有着密不可分的关系，但是这仅仅是库巴唐市污染后果的冰山一角。在这个工业城市里，我们随处可见一些高高耸立着的烟囱，它们不时地冒出一串串带有刺鼻气味的白色或者黑色烟雾，在没有经过任何处理的情况下就排放到了空气之中。这些烟雾随风飘扬在

呼吸困难，污浊的空气进入我的体内了！

恶心难忍，生不如死！

被脏空气熏得奄奄一息的孩子……

城市的上空，经过了太阳光的照射之后，其中一些化学成分就会发生一系列的变化，最终形成一种剧毒物质。

当走在大街上的时候，这种混合的空气会"热情"地朝你扑来，让你"感动"得泪流满面。特别是在库巴唐市里，你几乎不能呼吸，因为你吸进去的每一口空气都是污浊的。同时这些空气中的剧毒物质还会随着人们的呼吸慢慢进入到身体里，从而破坏肺和气管，让人咳嗽不已，甚至还能引发哮喘，进而导致死亡。

一位来自环境保护组织的官员就曾经发出过这样的感慨："这里简直就是一个地狱，恶魔的烟雾笼罩了整片天空，让明媚的阳光无法照耀大地，在我四周那令人窒息的空气中，一个个死神对我虎视眈眈，他们手中的镰刀寒光闪闪，似乎随时要收走我的生命一样。"

灾难不停地爆发，"死亡之谷"因此而得名

库巴唐虽然恐怖，可仍有10多万人在这里生活了将近半个世纪。当然，他们并不是平平安安生活的，重度污染的空气使人们精神恍惚，灾难也频频发生。

在1984年2月25日这一天，就发生了输油管破裂燃烧的事故，

死伤500余人；在1985年的1月26日，又有一家化肥厂发生氨气泄漏，直接导致周围近60平方千米的森林被毁。大片的山坡土地裸露在外，每当大雨来临之时，就会造成严重的水土流失和山体滑坡，直接摧毁了一片贫民窟。不仅如此，库巴唐的每一寸空气和土壤以及水资源都在悄无声息地吞噬着人们的生命。在这座城市里，几乎每5个人当中就会有一个人患有呼吸道疾病，医院里挤满了接受吸氧治疗的老人和孩子。而且，经过科研人员调查研究后发现，在库巴唐地区生活的人们患各种癌症的概率高得惊人，其中，膀胱癌患者的比率是其他城市的6倍以上；神经系统（包括脑部）的癌症比率是其他城市的4倍以上。另外，肺癌、咽喉癌和口腔癌等病症的患病率也是其他城市的2倍以上。因此，这个城市又被人们称之为"死亡谷"。

让人"痛哭流涕"的淡蓝色烟雾

早在20世纪40年代初，在美国洛杉矶的居民就经常发现在城市的上空弥漫着一种淡蓝色的烟雾。这种烟雾常常使人眼睛发红、喉咙疼痛，并且眼泪和鼻涕会不由自主地流出来，同时，还伴有不同程度的头昏和头痛等症状。可是有关部门却迟迟查不出原因，直到20世纪50年代，人们才知道这种烟雾来自汽车的尾气。在汽车的尾气中含有大量的烃类化合物和氮氧化物，这些化学物质在经过太阳的照射后会发生一系列的变化，最终与水蒸气结合在一起，便形成了这种带有强烈刺激性的淡蓝色烟雾。

工厂就是恶魔，讨厌的家伙！

哎呀，空气中这是什么味儿啊？

杀人于无形的毒气战

毒气毒死的战士！

> 人人都讨厌战争。战争的双方为了各自的利益，甚至可以不择手段。不知你有没有听说过，在历史上，毒气竟然也被用到了战场。不难想象，一种有剧毒的气体随风扩散到空气中，被人或动物吸入到体内，是多么残忍的一件事情啊！

使绵羊抽搐的黄绿色烟雾

1914年9月，在马恩河战役中，德军与英法联军交战，德军惨遭失败。1915年春，德军决定一雪前耻，准备在依普尔运河一带与英法联军大战一场。

对此，德皇非常重视，连忙召见当时的参谋总长法尔根汉，问他有没有战胜英法联军的妙计。法尔根汉露出诡密的笑容，信心十足地说道："请您尽管放心！这次我要把战场变成敌人的坟墓！"德皇对他的话将信将疑，冷冷地哼了一声。法尔根汉凑上前去在皇帝耳边轻声说了几句。德皇还是很担心地说道："这能行吗？"

奄奄一息的绵羊！

呼吸困难的绵羊！

118

"当然可以！欢迎您亲自上战场检阅！"

"好！"德皇这才兴奋起来，下令让法尔根汉赶快布置。

一天下午两点多钟，军事试验场里戒备森严，一个个全副武装的宪兵注视着四周，远处还隐约可见一些哨兵全神贯注地来回走动。德皇和一些高级官员的车队驶进了这个试验场，一直开到临时看台旁才停下，一位年轻的军官上前拉开车门，等候在看台旁边的将军"刷"地一下立正，毕恭毕敬地注视德皇登上看台，然后纷纷就座。德皇身旁的法尔根汉对一位将军耳语了几句，那位将军挥动手中的旗子，试验场中突然出现一群士兵，他们拉出一门巨大的海军炮和一门3英寸口径的野战炮。这时，在1.5千米外的一片空地上有一群绵羊在吃草。

随着一声哨响，士兵很快做好准备。紧接着，那名指挥官一声令下，一发炮弹"嗖"的一声落在离羊群很近的地方并爆炸了。但爆炸的声音并没有想象中那么巨大，发出如此轻的声音的炮弹能有什么威力呢？别急，只见炸过以后的地方，有一团黄绿色的烟雾缓缓升起，随风向羊群飘去，很快便覆盖了整个羊群。

"到底发生了什么？"德皇迫不及待地站起身来，架起望远镜向山坡上望去。"好呀！好呀！"德皇边惊叹，边拍起手来。原来，烟消雾散之后，他看见一只只抽搐的绵羊。

侦查敌营

1915年4月21日，德军开始进攻依普尔。德军首先用16英寸口径榴弹炮发射的高爆炸弹对英法联军的阵地进行狂轰滥炸。英法联军早有准备，双方对轰了1个多小时，黄昏时分终于停了下来。英法联军松了一口气，正在这时，十几架飞机从东北方向飞来。有个英军战士大叫一声"德国飞机！"随后，便跳入战壕。其他英法战士也慌张地连滚带爬跳到战壕之中。但德国飞机一掠而过，没有发动任何攻击，只是远远地绕了一个圈儿，就飞走了。

原来，这批让英法联军虚惊一场的是法尔根汉派去的侦察机。侦察员回来后报告说："英法联军阵地上崎岖不平，障碍物、碉堡参差错落，兵力无法估计"。

法尔根汉意识到必须设法把敌军引到平旷的地方，才能使用秘密武器。他认真研究了一下地图，选择了一个地点，和部下说道："就这儿。只等东北风一起，就可以实施那个完美的计划了"。

可法尔根汉做梦也没想到，法国间谍吕西托早已把关于秘密武器的消息告诉了法军总司令。总司令听到以后大吃一惊，连忙下令迅速准备防毒面具。但是，已经没时间制作那么一大批防毒面具了，只能给士兵每人加发一条毛巾。

救命啊，呛死我了！

德军的秘密武器——氯气弹

4月22日黎明，阴云密布，东北风起。德军各部戴好防毒面具，对英法联军发动了进攻。打了一阵，德军佯装撤退，将英法联军引出至一处空旷地带，并切断了他们的后路。就在这时，几十架德军飞机从东南方飞过来，并纷纷投下炸弹，顿时腾起团团浓烟，迅速向四周弥漫。英法联军纷纷系上毛巾。但这有什么用呢？士兵们纷纷倒下，头晕目眩，呼吸紧张，紧接着口角流血，四肢抽搐起来。大量毒气笼罩着大地，连野兔也伸直了腿。

这就是法尔根汉的秘密武器——氯气弹。它释放出的气体比空气重1.5倍，任何人或动物吸入马上会窒息而死。很快，英法联军就有1万多人死亡，其余人也丧失战斗力。这时，戴着防毒面具的德军浩浩荡荡地占领了这个地方。

这是人类战争中第一次大规模使用毒气，在依普尔运河河畔的草丛、树下，成千上万英法联军的士兵蜷缩成一团，简直惨不忍睹！

好大的气味啊！

日军对我国使用毒气2000余次

抗日战争期间，日军在我国领土上犯下了滔天罪行。日军不仅在战场上使用毒气，还惨无人道地对敌占区的中国平民使用毒气，杀戮无数，那景象真是惨不忍睹！据统计，8年中，日军先后在中国的14个省(市)、77个县(区)，使用毒气2091次，其中有423次是针对我华北游击部队使用的，造成3.3万余人伤亡；另外对中国正规军使用1668次，使我军官兵6000余人死亡，4.1万余人受伤。而这些庞大的伤亡人数还不包括平民百姓呢。

罂粟花的果实。

一旦染上就上瘾的毒品

贻害无穷的 毒品

有资料表明，吸毒者的平均寿命要比正常人短10~15年。他们当中大部分是在20岁左右开始接触毒品的，在壮年的时候会因各种原因死亡。近年来，吸毒者的群体日益年轻化。甚至在有些国家，中学生吸毒的现象已经非常普遍。毒品——真可谓贻害无穷啊！

吸毒危害人的身心健康

毒品在过去的一二百年中，就像瘟疫一样在全球迅速蔓延。蔓延速度之快，波及人群之多已远远超过世界上曾经发生过的任何瘟疫。任何国家、任何社会阶层无一例外地受到其影响。

快让我吸两口！

刚注射完！

从外表上看，吸毒的人往往萎靡不振、面黄肌瘦，衣着不整洁，思维涣散，注意力难以集中。甚至有的智力、劳动能力明显下降，性格也发生了巨大的变化，几乎没有任何情感，对家庭和社会的责任感明显下降。有些毒品使其不能正确判断高度和距离。比如，本来在20层楼上，他却错误地判断自己在平地上，于是，本想向前"走"，却从20层楼跳了下来。又比如，有汽车迎面驶来，已经离自己很近了，吸毒者却错误地认为车离自己还很远，于是就死于非命……

毒品对身体的各个系统都会造成不同程度的影响，甚至对其中某个部位造成直接损伤而引起死亡。他们不关心身体健康，即便发现身体不适也常常不会及时求治，失去最佳治疗时机。毒品常常掩盖疾病的主观症状，从而延误治疗。此外，吸毒者生活不规律，常不遵守医嘱，影响治疗效果。

有资料表明，吸毒者自杀发生率较一般人群高10～15倍。因为，吸毒者的精神每时每刻都处于高度紧张的状态。他们时时为如何获得更多的毒品而忧虑；他们营养不良，忍受吸毒并发症的痛苦；他们众叛亲离，内心孤独；他们时时受到执法人员的监察和贩毒者的威胁；有时，甚至还会感到后悔、内疚，最终承受不住，导致自杀。

吸毒让人倾家荡产甚至犯罪

一旦对毒品上瘾，就会对它产生无休止的依赖，一刻也离不开它，而且所消耗的毒品的量会越来越大。所以这就像是一个无底洞，使吸毒的人每天用于购买毒品的钱近千元。于是，吸毒者的财产源源不断地落入可恶的毒贩之手，而换来的毒品在烟雾中顷刻燃尽，除了给吸毒者的健康

不翼而飞的钱。

我保证以后再也不吸毒了。

带来危害，什么也没有留下。许多吸毒者的产业、存款、现金、首饰均在这种肮脏的交易中消失殆尽。

另一方面，当一个人长期吸毒后，他生活的唯一目标便是怎样寻觅毒品，对工作的热情和责任心都丧失了；又由于长期吸毒使其意志减退，智力下降，他们的原有工作能力也丧失了。这类人失业率明显增高，赚钱谋生的手段也逐渐丧失。他们整天不是蒙头大睡，就是在白色毒雾中寻求海市蜃楼般的幻觉满足。就算一时挣扎着通过劳动换来钱财，也远远不够弥补吸毒造成的巨大负债，最后只得走上犯罪的道路。

由此可见，吸毒对个人，乃至家庭、社会都是一场大的灾难啊！

往血管里注射毒品

吸毒的另一种方式是往血管中注射毒品。有的吸毒者因为对毒品太过依赖，其收入已经越来越难维持一天两次的毒品注射。所以，他们会往自己的身体内注射一

种低劣的海洛因，价格虽然便宜，但效力更加可怕，随时可能因此丧命。海洛因是世界第一号硬性毒品，多通过静脉注射到人体内。

由于长期注射，身体上已经"千疮百孔"。令人不可思议的是，这种毒品不是粉末状而是固体的，必须利用汤匙或是瓶盖加热以溶解药物，并且用棉花过滤以免小物质塞住针头。吸毒者在注射毒品前，通常会回抽针头，看见血液回流以确认针头扎进静脉血管内，才进行注射。

用这种方式注射毒品，整个身体、头部、神经会产生一

鸦片的历史

有资料显示，在古埃及、希腊与罗马时期就出现鸦片了。6000年以前的古埃及艺术品中还出现过罂粟，而罂粟就是制取鸦片的主要原料。大约17世纪，荷兰人通过我国台湾把北美印第安人的烟斗连同烟叶传入中国，中国开始有吸烟者。1680年英国一位知名物理学家托马斯·悉登汉姆把鸦片引入到医药领域。17世纪时许多欢洲人用鸦片来治疗各种疾病。19世纪末期，医生会开含有鸦片的药水来治疗各种病症。这些药品都很少标明其中含有鸦片的成分。其实当时鸦片是以咳嗽药以及治疗吗啡毒瘾的名义来贩卖的。

种爆发式的快感，如"闪电"一般。2～3个小时内，吸毒的人沉浸在半麻醉状态，唯有快感存在，其他感觉荡然无存。过一段时间以后，就不会那么容易体会到那种快感了，他们需要越来越多的毒品才能过瘾，毒品耐受量不断增大。此时，一旦切断毒品进入体内，吸毒者就会身不由己、生不如死。他们每次注射毒品时都有可能会过量中毒，很多人甚至没有来得及把注射器拔出来。有些人为增强快感，把多种毒品混在一起注射，更易引起呼吸中枢抑制而死亡。不仅如此，多药滥用还造成诊断困难，不易抢救成功。

哈哈，把世界上的东西都烤熟了。

干枯、干渴、干裂堆积在一起

祸患无穷的旱灾

烈日炎炎，大地龟裂，一条条黑色的裂痕就像蜘蛛网一样铺满了整个地面。农田里一片荒芜，原本应该欣欣向荣的农作物此刻却低着头，弯着腰，整个躯体一片枯黄，那枝头的果实也变得十分干瘪。看到这些情况，我们不禁感慨，那该死的旱灾又来了。

颗粒无收的灾难

一般来说，春夏超过半个月没有任何降雨，或者秋冬超过一个月没有任何降雨的话，就可以称为干旱了；而如果春季连续无降雨的天数超过了两个月，夏季超过了一个半月，秋冬季超过了三个月的话，那么，这就形成了特大干旱。而一旦一个地区开始了特大干旱的话，那么干涸的湖泊、断水的河流、干裂的土地、枯黄的植物和尸横遍野的动物将会变得随处可见。

众所周知，旱灾之所以会出现，就是因为缺少生命之源——水。世界上的生物都离不开水，而我们人体细胞的重要组成部分也

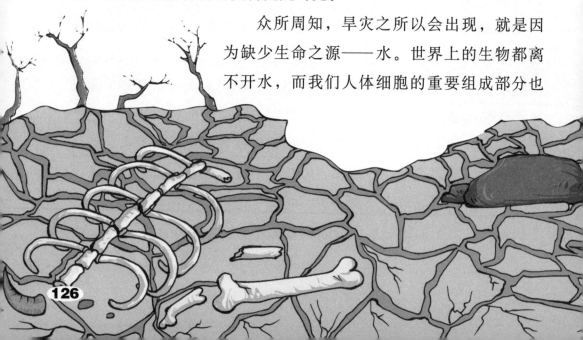

是水。人如果不进食的话，兴许还能撑上一两个星期，但是如果没有水的话，最多也就只能活几天。对于植物来说，水的需求甚至超过了我们人类。因此当旱灾发生的时候，植物体内的叶绿素会因为缺少水分而无法进行光合所用，从而无法得到生存的养分，这样它们只能活活被"饿死"。因此，我们总是能在旱灾的地区看到大片枯黄的田地。由于农作物的死亡，将导致人们颗粒无收。

让人饥饿到吃蠕虫的非洲大旱

在20世纪70年代到80年代的非洲撒哈拉以南地区，曾经发生过非常严重的旱灾。那次旱灾波及范围极广，囊括了36个国家，受灾人口将近1亿人，而因此累积的死亡人数多到无法计算。在干旱的不断蔓延下，粮食的产量也在不断地下降，据统计，仅在1984年，整个萨赫勒地区的粮食产量就比同期年份减少了50%左右，

干枯的树木，干枯的田地……

我要热死了，连水也没有，我可不想变成渴死鬼。

干旱时有虫子吃就很不错了。

而一些受灾最严重的地区，粮食的减产甚至达到了80%以上。

在干裂的大地上，随处可见一群群沿路乞讨的饥民。他们骨瘦如柴，痛苦地在死亡线上挣扎；他们衣衫褴褛，脚步就好像灌了铅一样的沉重；他们步履蹒跚，仿佛随时都可能倒下。在路边随时可以看到累积在一起的尸体。经过旱灾"洗礼"的人们实在太饥饿了。因此不管是树皮还是草根，就连那令人恶心的蠕虫，他们都能狼吞虎咽，甚至在有些地方，还发生了人吃人的惨剧。在一张被刊登在各大报纸的照片上，我们看到了这样的一个孩子，他依偎在母亲的怀中，全身没有一丝的血色。瘦弱得皮包骨头，就跟那些从坟墓里挖掘出来的木乃伊一样，看起来真是令人难过。

死亡无数的历史悲剧

其实像非洲萨赫勒地区这样的旱灾，并不是独一无二的。在世界权威机构统计的20世纪发生的十大自然灾害中，还有4次可以与之比肩的大旱，其中3次是发生在我们中国。1920年，我国北方大旱，山东、河南、山西和河北等省遭受了将近半个世纪未遇的特大旱灾，受灾民众超过2000万，死亡人数超过了50万；1928~1929年，陕西大旱。全境有将近1000万人受灾，其中高达1/4的受灾民众因此丧生。1943年，广东大旱，许多地方从年初开始，已经连续两个月没有下雨了，因此造成了严重的粮荒，在一些灾情十分严重的村子，人口损失过半。而在更久之前，在唐朝的天宝末年，也就是公元8世纪中期，由于连年大旱，导致瘟疫横行，使得全国的人

被旱灾毁灭的古希腊迈锡尼文明

在希腊首都雅典西南方向100千米的地方，曾经有一个繁荣了几个世纪的迈锡尼文明。这个迈锡尼文明开始于公元16世纪左右，是整个西方爱琴文明青铜时代的代表。迈锡尼人不仅发明了一种现在还不为人知的线性文字，而且还建造了高大的城堡和璀璨的文化，即使是在现在，人们对于迈锡尼文明的遗址还是充满了震撼。然而就是这样一个文明，却因为连年旱灾导致的饥民暴动而沦为了一片废墟，最终被外族入侵，导致了迈锡尼文明的终结。

口骤降了2000多万。在明朝的崇祯年间，华北和西北发生了连续14年的特大干旱，当时的著名文人也因此留下了"赤地千里无禾稼，饿殍遍野人相食"的千古名句，讲的就是在当时的田野里根本看不到庄稼，因为饥饿而死的人漫山遍野，甚至还发生了人吃人的惨剧。

虽然这些灾难已经成为了历史，但是我们不应该忘记，我们要加紧兴修水利工程，这样才能让旱灾的损失降到最低。

没有收获，怎么吃饭啊！

飞机刚起飞就坠落了

特内里费特大空难

1903年，当莱特兄弟驾驶着历史上的第一架飞机将人类带上了那片蔚蓝的神秘国度时，也同时不可避免地带来了一系列的灾难，这些灾难都属于航空事故，因此它们也就有了一个特殊的称号"空难"。而谈到空难，就不能不提到那次死亡人数创纪录的特内里费特大空难。

恐怖分子炸出的混乱

在1977年3月27日那一天，一声震耳欲聋的爆炸声在西班牙加那利岛上的拉斯帕尔马斯国际机场的花店内响起，虽然这次爆炸并没有造成重大伤亡，但是仍给人们带来了极大的负面影响。随之，一个名为"加那利群岛自决独立运动"的恐怖组织发表声明，称对此爆炸事件负责，并且扬言他们还在机场内安放了另外一颗炸弹，随时准备引爆。就在这样的情况下，航管当局与当地的警察被迫对整个机场进行封闭，疏散群众以便检查。对于那天的航班，航管当局只好让它们先全部转降在隔壁的特内里费岛的洛司罗迪欧机场，等到炸弹拆除之后，再飞往拉斯帕尔马斯国际机场。

炸弹惹的祸！

130

要知道，拉斯帕尔马斯国际机场所在的加那利群岛虽然不大，但却是南北美洲的游客进入地中海地区的门户，每年的旅客络绎不绝，如果此类的事件一个处理不好，就很有可能会给作为当地经济支柱的旅游业带来无与伦比的冲击。就是在这个突如其来的情况下，洛司罗迪欧机场内一时间停满了从四面八方被迫转降而来的飞机，因而导致了机场秩序的混乱，而就是这机场秩序的混乱，为后来的空难埋下了伏笔。

131

一波未平一波又起，拆除炸弹又来大雾

本次空难的主角之一，是荷兰皇家航空公司的波音747-206B型客机。这架客机是当天早上从荷兰的阿姆斯特丹机场起飞的，机上共有234名旅客和14名机组人员，由于拉斯帕尔马斯机场的暂时封闭而在当地时间下午1点10分转降至特内里费的洛司罗迪欧机场，与其他一些转降在此的飞机一样，拥挤在由机场主停机坪与主滑行道所构成的暂时停机区内，等待着拉斯帕尔马斯机场的重新开放。而空难的另外一个主角，则是隶属于美国泛美航空公司的班机，这架载有乘客396人的波音747-121型客机是由美国的洛杉矶起飞的，在下午的1点45分到达洛司罗迪欧机场。

到了下午4点左右，来自拉斯帕尔马斯机场的消息称恐怖炸弹已经排除，机场将重新开放。因此所有班机纷纷开始起飞，但是这个时候，天气却突然发生了变化，一场谁也没遇见过的大雾突然笼罩了整个洛司罗迪欧机场，能见度逐渐变差，这样的情况，为空难的发生再一次埋下了隐患。

583人死亡的黑色世界纪录

率先前往拉斯帕尔马斯机场的是美国的客机，但是洛司罗迪欧机场太过拥挤了，想要离开并非易事，就在这架飞机滑行到一半想要进入滑行道时，发现了横在路中间体积巨大的荷兰客机挡住了去路。由于风向的原因，机场控制塔台通知两架飞机都必须滑行到30号跑道的尽头，转个180度的大弯，最后沿30号跑道起飞。首先荷兰客机进行了滑行，而美国客机紧随其后，由C3滑行道处转弯离开主跑道。可是就在这个时候，由于大雾的原因，不管是荷兰客机、

总统也无法幸免的空难

命运对所有人都是一视同仁的，因此，总统也无法避免空难的噩运。就在2010年的4月10日，波兰总统卡钦斯基乘坐的一架飞机在俄罗斯斯摩棱斯克州北部的一个军用机场降落时失事，机上96人全部遇难，其中就包括波兰总统和总统夫人在内的许多波兰高官。当时调查人员称，有关飞机失事的原因有多种推测，包括天气原因、人为错误和技术故障等等。俄罗斯国家间航空委员会，2011年1月12日公布波兰前总统专机空难的最终调查报告称，坠机的直接原因是在恶劣的天气状况下，机组拒绝前往备用机场降落，最终导致悲剧发生。

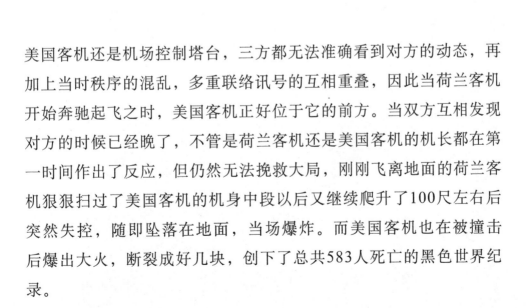

美国客机还是机场控制塔台，三方都无法准确看到对方的动态，再加上当时秩序的混乱，多重联络讯号的互相重叠，因此当荷兰客机开始奔驰起飞之时，美国客机正好位于它的前方。当双方互相发现对方的时候已经晚了，不管是荷兰客机还是美国客机的机长都在第一时间作出了反应，但仍然无法挽救大局，刚刚飞离地面的荷兰客机狠狠扫过了美国客机的机身中段以后又继续爬升了100尺左右后突然失控，随即坠落在地面，当场爆炸。而美国客机也在被撞击后爆出大火，断裂成好几块，创下了总共583人死亡的黑色世界纪录。

瓢泼大雨，吞噬生命

雨滴带来的德国西部森林枯死病

下雨是一种十分正常的自然现象，是从地面蒸发的水蒸气在高空中遇冷而重新凝结成了水珠再从天而降的过程。可是，当人们排放的污染物将整个蓝天污染了以后，这些雨水就摇身一变，成为了一群吞噬生命的魔鬼。

凋零的德国"黑森林"

黑森林又叫条顿森林，它位于德国西南的巴登－符腾堡州。在这片总面积为6000平方千米左右的地方，覆

被酸雨腐蚀的枯树已经奄奄一息！

原来美丽的森林，现在已经荡然无存！

死翘翘的兔子，这里毫无声息。

盖着大片的松树和杉木，从远处看上去就是一片黑压压的，而黑森林就因此得名。黑森林原本是一个十分美丽的地方，是白雪公主和灰姑娘等众多格林童话的发生地，充满着纯真和浪漫的气息。森林里的树木可以通过绿色植物的光合作用，吸收大量的二氧化碳，释放出氧气，维系了大气中二氧化碳和氧气的平衡，使周围的人和动物能够源源不断地获得新鲜空气。

但是不知道从什么时候开始，在这里生长着的松树和杉木开始慢慢地枯萎了，那原本翠绿的树叶逐渐变成了黄褐色，看起来完全没有了生气，并且开始一点点脱落。不仅如此，原本高大粗壮的枝干就像得了软骨病一样，变得松软起来，好像用手指一推，它们就会倒下似的。如果仔细观察，还会发现有很多小虫子从里面爬出，看来树木"病"得不轻啊！渐渐地树木开始一棵棵倒下了，这种情况就像是一种瘟疫，肆无忌惮地蔓延开来。在数年之中，有3万公顷的森林因为这种枯死病而完全死亡。不仅是黑森林，整个德国西部的所有森林似乎都出现了相同的毛病。在原本740万公顷的森林中，截止到1983年总共有34%的树木染上了这种枯死病，先后有80多万公顷的森林就这样永远地消失了，只给人们留下了一片毫无生息的荒凉之地。用一个土生土长的黑森林德国农场主的话说，就是"凋零的黑森林，这是上帝对人类贪婪的惩罚！"

从天而降的腐蚀灾难

当然，黑森林的枯死病可不是什么上帝降下的惩罚，而是酸雨惹的祸。经过研究表明，树木叶片对酸雨是十分敏感的，当大量酸雨落下时，带有腐蚀性的酸性雨水能造成叶片表面的损伤，使叶片的内部结构直接暴露在外，这样一来，叶片中的叶绿素会在雨水的不断冲刷下变得越来越少，当叶绿素不断减少的时候，树木就会变得枯黄萎缩，就好像枯死了一样。

不仅如此，酸雨还会降低树木形成层的细胞活性，直接导致了细胞分裂的减缓，从而造成树木年轮的变异，形成不完整的年轮。同时，酸性的雨水还能从树木的细胞里吸走大量的水分，让许多树木的细胞因为缺乏水分而死去。因此，只要酸雨一出现，就势必会造成树木枝干的密度降低、强度下降，这也就是为什么在黑森林中，我们看到的树木都是弯着头、低着腰，就好像病入膏肓的病人一样。

酸雨——来自汽车和工厂的排放

那么既然酸雨的危害是如此之大，它到底是如何产生的呢？

这树好可怜啊！

原来在德国的鲁尔工业区，每年都排出大量含硫的气体，这种气体在空中与氧气和水蒸气相结合就能产生硫酸，然后再通过雨水降落下来，就慢慢腐蚀了树木，从而使整片森林患上枯死病。

当然，酸雨的形成也离不开人类的"帮忙"。平时生活中，当我们在燃烧煤、石油和天然气等化石燃料的时候，也会将包含大量硫化物的气体排放到空气之中。不仅如此，根据科学家的研究显示，在汽车排放的尾气内，也含有大量能够形成硝酸的氮氧化物，而硝酸正是酸雨形成的一种必要条件。

时至今日，酸雨仍然会不时地出现，它导致土壤大量酸化的同时，还会破坏很多历史悠久的建筑物。在遭遇了这些之后，我们人类应该仔细思考，尽量避免灾难的再次发生。

"地球之肺"的眼泪

生物学家曾这样说过，"森林就是地球之肺"。因此，森林不仅与人类的发展有关，而且与自然界的生态平衡息息相关。然而就是这样重要的地方，却在我们人类的肆意破坏下锐减，除了因为酸雨造成的森林枯死病的蔓延，还有人类自己的乱砍滥伐。在300年前，我国的陕北榆林地区曾是一个林草茂密、土肥水足的好地方，但是由于清朝政府的破坏性砍伐，致使榆林地区因为失去了森林的保护而长期受到风沙侵蚀。不仅在我国，这样的悲剧在全世界都在发生。森林是地球之肺，可怕的是，现在的这个肺已经被我们割去了2/3。

啊，他有艾滋病，快离远一点儿……

使免疫系统崩溃的
艾滋病病毒

艾滋病病毒简称HIV，是一种能攻击人体免疫系统的病毒，经由血液感染。一提起它，每个人都毛骨悚然，唯恐躲之不及。因为如果不幸被这种病毒缠上身，慢慢地，人体就会对威胁生命的任何病原体失去抵抗能力，后果可想而知。

可怕的艾滋病病毒

1984年，在全球范围内，艾滋病患者不足3000人。如今，可怕的艾滋病病毒已夺走大约2500万条鲜活的生命，死亡人数超过第一次世界大战中死亡的人数。另有3300万人受感染，因为艾滋病，超过

我怎么会得这种病！

这位患者不要激动！

HIV

HIV!

138

1100万名儿童至少失去了双亲中的一位。

艾滋病病毒被发现后，人们以为就像抗生素和牛痘疫苗的发明一样，可以很快找到对付它的有效药物，从而阻止它的蔓延。然而，20多年过去了，人类仍然没有看到完全战胜艾滋病病魔的希望。不过，人们仍然积极地与之对抗着，并没有丧失战胜它的希望。

敢于直面镜头的艾滋病人

一般来讲，艾滋病人很怕别人知道自己得了这种病。一旦被别人知道，大家就会向自己投来异样的眼光。

刘子亮出生于河南省周口市的一个农村。1995年，他为了给两个儿子买新衣服，在家乡卖过几次血，不想却付出了巨大的代价。1998年8月，他被医生告知感染了艾滋病病毒。

刘子亮的生活一下子被打乱了。不论走到哪里，人们都会在他背后指指点点，就好像他是个瘟神一样。而且，就连他的妻子和孩子也遭到其他人的冷眼。亲戚们和他们一家断绝了往来。于是，刘子亮在家门外砌了一堵高高的墙，隔开了他与外面的世界。他几乎接近崩溃的边缘，有几次都想死。但是妻子和孩子不断地鼓励他，让他重新燃起了生活的希望。

2001年12月1日，刘子亮第一次出现在媒体前，公开了自己那难以启齿的身份。从此，他经常被各种媒体和公益机构请去做宣传，也从中得到一些报酬，但没有人愿意真正地给他一份工作。他说："受人施舍的感觉并不好，'自食其力'关乎尊严，而现在这份尊严正在受到歧视和践踏。"刘子亮希望有一天能组建一个以艾滋病人为主体的公益机构，让艾滋病人自己来宣传自己。艾滋病并不可怕，只要能坚强地面对它，就不会被打倒。

想上学的艾滋病小女孩

我只是想上学！

一个才9岁大的小女孩得了一场大病，经过输血感染了艾滋病病毒。全家人一下子崩溃了，她才只有9岁啊！怎么能得这种病呢？在好心人的援助下，她在爸爸的陪伴下来到北京地坛医院进行治疗。

在医院里，小女孩没有玩的地方，也没有其他小伙伴儿。有时候走出医院，面对这个色彩斑斓的世界时，她会表现出异常的兴奋。

那双水汪汪的眼睛睁得很大，充满好奇地这儿也瞅瞅，那儿也瞧瞧，稚嫩的脸上露出灿烂又胆怯的笑容。

身体瘦弱的小女孩虽然知道自己得的是艾滋病，但并不知道这种病会夺去她幼小的生命。她对有些事情还不能完全理解，但她知道有很多人关心着她，爱护着她。因为生病，她至今没有上学，但总是微笑着，并拿着一本看图识字的书，用她清脆的童音大声朗读，有时也会拿着铅笔在本子上又写又画，那副样子可认真啦！她对爸爸说得最多的一句话就是："爸爸，我们回家吧！我想上学！"

像小女孩这样受艾滋病病毒折磨没有学上的孩子还有很多，艾滋病对于这样的家庭来说真是一场巨大的灾难啊！

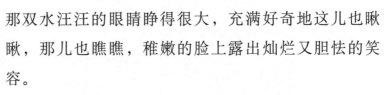

一般性接触或蚊虫叮咬不会感染艾滋病病毒

艾滋病是一种死亡率较高的严重传染病。20世纪80年代，艾滋病开始在中国出现。

这种病毒主要通过血液传播、性交传播、共用针具传播和母婴传播。在日常生活中如果与艾滋病病毒携带者握手、拥抱或一起吃饭都不会感染艾滋病病毒；蚊子、苍蝇、蟑螂等昆虫叮咬也不会传播艾滋病病毒。

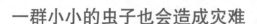

一群小小的虫子也会造成灾难

埋葬村庄的阿非利加毛虫

我们要把所有生命全部吃掉！

在非洲的东部沿海、赤道以南的地方，有一个世界上不发达的国家——坦桑尼亚。那里终年湿热，并且覆盖着大片的原始森林和热带草原。由于人迹罕至，致使那里仍然生活着许多不可思议的生物，例如阿非利加毛虫，不知何时，它们就会给那里的人们带来无法想象的灾难。

啊，这么多小虫子，难以置信，它们在咬蚀我，好疼啊，救命……

正在"享受美食"的阿非利加毛虫！

黑色"洪流"发出"沙沙"声

阿非利加毛虫和它的近亲毛毛虫一样，都是一根指头粗细的小动物。它们平时生活在荒无人烟的原始森林之中，以植物的叶子为食。虽然外表看上去很不起眼，可是如果这样的小身躯成千上万地聚集在一起，就会像蝗虫灾害一样可怕。

1984年夏天的一个夜晚，在坦桑尼亚西部马加拉河畔的一个小村庄，四处安静极了。在外劳作了一天的人们正沉睡在香甜的梦中。突然，一种奇怪的声音从远处传来，"沙沙沙沙"的，就好像是从天而降的雨水声。许多人在第一时间被惊醒了，可是他们并没有太在意，因为下大雨在这里是一件太过普通的事情。可是声音在越变越大，从开始的隐隐约约到近在耳边，人们终于感觉到事情的不对劲。当有人打开窗户的时候，不由自主地大声尖叫了起来，因为在窗外，有一条绵延10千米左右的黑色"洪流"，它正在以极快的速度向村子的方向席卷而来。而那种"沙沙"声，显然是从这条黑色"洪流"中发出的。

吞噬一切的阿非利加毛虫

"阿非利加毛虫！这是地狱恶魔的宠物阿非利加毛虫！"

不知是谁这样高声尖叫了起来，似乎想唤醒整个村庄的村民。可这样的想法无疑是极其奢侈的，因为这些毛虫的推进速度实在是太快了。就在发现情况的村民大叫着打开房门的时候，一大群的毛虫编队已经无比兴奋地冲了进来，并迅速爬上了他的身体。它们张开尖锐的颚噬咬他的肉皮，那个人疼痛得想要高声尖叫，但是已经不可能了。因为就在他张嘴的瞬间，一大堆的毛虫就已经钻满了他的口腔、鼻孔以及身上每一个有洞的地方。因此不久之后，他就窒息而死了。

当然，这样的惨剧并不只有一例，在小村的每个角落，都发生着这样的灾难：有些人就像跳霹雳舞一样在地面上蹦蹦跳跳，同时双手不断地在身上击打着，试图要把爬到身上的毛虫给打下来。可惜，都是徒劳。随着越来越多的毛虫出现，人的身上就像包裹上了一层厚厚的毛毯。渐渐地，他的挣扎越来越小了，就这样倒在了地上。有些人想爬到树上，还有些人想要跳进河里去，可是他们最终都没能逃过阿非利加毛虫的魔爪，这数以亿计的毛虫肆虐在整个姆拉尼村，无情地吞噬着村庄的一切。

村庄惨不忍睹，尸体血肉模糊

哎呀，怎么这样惨！

姆拉尼村的惨剧不知进行了多久，数不清的阿非利加毛虫吃遍了村庄的每一个角落，不管是在村庄里的树上、房子上还是地面上，都充斥着它们那让人头皮发麻的咀嚼声。就在这一刻，这些身材臃肿的小毛虫们，化身成为

被吃掉的德国精锐部队

在非洲有许多凶猛的小动物，除了埋葬村庄的阿非利加毛虫之外，还有另外一种吃人的蚂蚁。据说在第二次世界大战期间，德国的著名将领隆美尔在节节败退于英国军队之后，为了挽回败局，便派出一支大约1800人的德国精锐部队长途跋涉，企图穿越非洲的原始丛林，突袭英军后方。然而让人意外的是，这支部队才出发3天，就再也没有了任何的信号。当隆美尔派出另一支部队深入丛林去搜寻时，却在一个不知名的湖边找到了散落着的一具具惨白的骨架，其中包括皮肉、毛发在内的所有含有蛋白质和纤维的物品统统消失了，而武器、眼睛和手表等金属物品则完好无损。经过进一步的勘察，除了骨架之外，那里还散落着大量体形巨大的蚁尸，显然，这些蚂蚁就是刽子手。

了最可怕的刽子手，将死神的恐怖，演绎得淋漓尽致。

由于地处偏僻，因此在一个星期以后，当一个在外的姆拉尼村村民回到村子的时候，才发现这里发生的惨剧。于是，他立即拨打了报警电话，不久之后，警察匆匆忙忙地赶到现场，不过只看到一些坍塌的房屋和散落一地、血肉模糊的人和牲畜的尸体。经过清点，警察们最终只得到了700多具尸体，而整个村子再没有其他的活物了。由于气候的湿热，这些尸体早已腐烂，为了避免瘟疫的发生，警察最终决定将整个村子付之一炬。于是，这个原本安静的小村庄，就在一次虫灾之后，彻底地消失了。

在宇宙里爆炸，好危险

挺进宇宙的辛酸泪水
——太空灾难

一个婉转动人的嫦娥奔月神话，揭示了人类想要翱翔太空，探索宇宙奥秘的美好梦想。当然，我们人类也一直在为这样的梦想而努力着。不过这条探索之路并不顺利，有无数的勇士用自己的生命谱写出了一曲曲悲壮的篇章。

人类历史上首位航空遇难者——万户

万户是明朝一位富有人家的子弟，他饱读诗书，博学多才，但是却不去投考，因为他不爱官爵，只对科学情有独钟。他最喜欢研究的就是发明于宋朝年间的火药和火箭。当时他就想利用这两种具有巨大推力的东西，将人送上蓝天，因此就做出了一辆捆绑着许多火箭的飞车，实际上，这就是现代固体火箭的雏形。然后，万户拿着两个巨大的风筝坐了上去，这个时候他的仆人劝他说，如果飞天不成，恐怕会性命难保。可万户听后却仰天大笑三声，说道："飞天，乃是我中华千年之夙愿！今天，我纵然粉身碎骨，血溅

这样应该可以升空了。

146

天疆，也要为后世闯出一条探天的道路来。你不必害怕，快来点火！"没办法，仆人们只好服从万户的命令，点燃了捆绑在飞车上的火箭，只听"轰"的一声巨响，周围浓烟滚滚，烈焰翻腾，飞车在瞬间就离开了地面，冲向了空中。然而就在地面的人们高声欢呼的时候，突然一声爆响从空中传来，只见高空中的飞车已经变成了一团熊熊燃烧的火球，而万户紧握着两只着了火的巨大风筝从空中跌落了下来，最后摔死在了一座山上。

传遍世界的太空悲歌

虽然在距今500多年前的明朝，万户就开始勇于对太空进行探索了。但由于当时所处封建社会的愚昧和无知，在万户死后，人们对太空探索的行动就生生停滞了下来。直到20世纪中期，现代火箭被广泛应用了以后，太空探索才再次被提上日程，而当人们再次向

啊，全部遇难，真是难以置信！

太恐怖了，为遇难者默哀吧……

宇宙发出挑战时，灾难又一次降临了。

1986年1月28日，位于美国佛罗里达州的卡纳维拉尔角上空万里无云，看台上已经聚集了1000多名观众，他们翘首期盼。因为在不久之后，一架载有世界上第一位太空教师的挑战者号航天飞机，就将在这里被发射升空。两个小时过去了，当航天飞机外部的冰凌被清除干净了以后，火箭终于开始发射起飞。然而就在火箭升空后的1分钟左右，航天飞机突然闪出一团亮光，随之传来一声巨大的闷响。人们抬头望去，只见整个航天飞机爆裂成了一团大火，无数的碎片拖着火焰和白烟四下飞散。这架价值12亿美元的航天飞机在顷刻间化为乌有，上面包括那位太空教师在内的7名宇航员全部遇难。整起事件通过电视瞬间传达到了世界的各个角落，人们都惊呆了。在片刻的寂静之后，整个卡纳维拉尔角只剩下了一片痛哭、啜泣的声音。

还没出炉就爆炸的火箭

挑战者号航天飞机的失事让人悲痛，但这仅仅只是人类太空灾难中的冰山一角罢了。就在人类第一位宇航员加加林进入太空的半年前，苏联曾发生过一次史无前例的火箭大爆炸事故。

原本加加林是要在苏联十月革命的纪念日被发射升空的，但是就在两周之前，太空科学家正在对准备发射的东方号飞船进行最

后的调试时，运载飞船的火箭突然发生了爆炸。液氢和液氧的混合物燃烧的冲天大火弥漫了整个基地，包括一位苏联陆军元帅在内的54人，全身着起了大火。人们自顾不暇，只能眼睁睁地看着身上的火越烧越大，却想不出扑火的办法，因为周围早已成为一片火海。哪怕只是轻喘一口气，就会吸入满嘴的浓烟。呼吸都无法进行了，更别提自救了，就这样，54人全部被活活烧死。这场灾难，也成为了人类历史上死亡人数最多的航天灾难。

试想一下，如果不是这场灾难，也许人类踏上宇宙的时间，就可以往前再推5个月了。虽然灾难可怕，但是它依然挡不住人类探索宇宙的决心，我们只能铭记这些灾难的经验，增加自身的技术含量，从而降低灾难的发生了！

航天飞机的最后一次飞行

在2010年初，由于发现号航天飞机的各个零部件过于老化，美国航空航天局决定再执行5次发射，就将永久停飞。也就是说，在2011年2月，发现号航天飞机向空间站运送物资的任务完成后，就退役了。至此，美国的"航天飞机时代"宣告终结。但是，这并不代表着人类探索宇宙的脚步将就此打住，正好相反，旧的已去，就意味着创新时代的到来。

厚厚的一层
不断炎热的天气
——臭氧层危机

当进入夏天的时候，天气变得越来越热，阳光也越来越毒了。因此每当金黄色的光线照射在我们身上的时候，总会觉得像有无数根细小的针扎在身上一样。闲暇时听老一辈人说，以前的天气不是这样。原来这一切的根源，都是我们头顶上臭氧层危机带来的。

我要把你吃掉，这应该归我统领。

哈哈，冰箱里的东西就是好，一直新鲜。

紫外线的克星——臭氧层

紫外线，是太阳照射到地球上的众多光芒中的一种，属于人眼看不到的光线。它能够穿透细胞的细胞膜，给基因带来永久性的损伤，从而使细胞失去活力或者失去繁殖

能力。如果过量的紫外线照射到了人身上的话，就会破坏人体的免疫系统，从而增加人的患病概率，同时，还可能引发皮肤癌和白内障等各种疾病；如果过量的紫外线照射到了农作物上，就会使植物进行光合作用的叶子不断萎缩，从而影响农作物的产量，不仅如此，过量的紫外线还会影响种子的质量，还能使农作物更容易受到病虫害的侵扰；如果过量的紫外线照射到了水中，就会杀死水中的很多浮游生物，浮游生物消失了，以它们为食的动物就会相应减少，这样整个生态系统也就完全混乱了。

不过还好，在我们头顶上20千米～50千米的大气层中，有一个奇特的地方，那里有许多味道很臭的气体。这种气体是由3个氧分子组成的，所以人们称它为臭氧，而充满了臭氧的地方就是臭氧层。臭氧层是地球上所有生物的保护伞，它能够阻挡阳光中大部分的紫外线，因此是名副其实的紫外线克星。

被氟氯烃破坏的臭氧层

虽然大气层中都含有臭氧，但实际上臭氧的含量并不高，即使把蔓延了30千米的整个臭氧层压缩成固体，也就只有薄薄的3毫米罢了。

每当人们使用发胶、空气清新剂或者冰箱时，都会有大量的氯氟烃气体飘进臭氧层中。在那里，它们会在太阳的照射之下释

太阳好毒啊，都把我的皮肤晒黑了。

放出氯气。氯气是一种能与臭氧发生化学反应的气体，当它们发生反应之后，臭氧就会变成普通的氧气。在20世纪70年代，科学家们就发现了广泛应用于冰箱和空调中的氯氟烃能够不断地破坏臭氧层，因此，本来就不算厚的臭氧层越来越薄了，当然，它们阻挡紫外线的能力也就降低了。

臭氧层的阻碍能力低了，那些逃脱了的紫外线就会更加肆无忌惮地"攻击"人们的皮肤，从而使越来越多的人患上皮肤癌。刚开始时，皮肤癌病人的皮肤上形成少许溃疡面，形状看起来就像菜花。可是随着时间的推移，癌细胞竟然能够侵入到人体的骨骼内。它们在攻击人皮肤的过程中，还破坏皮肤的结构，从而给人们带来巨大的疼痛，甚至是死亡。

臭氧层被破坏了，这样的结局一部分是由太阳活动引起的辐射变化导致，更多的是我们人类自己种下的罪恶种子。如果不减少氯氟烃等破坏臭氧层气体的排放，那么紫外线会越来越猖狂，夏天的阳光也会越来越毒辣。

阳光毒辣的夏天

人们都知道虽然冬天天气寒冷，可同夏天比起来，冬天的阳光"温柔"了许多，它并不会像夏天那么毒辣。原来在冬天，云层的温度会降低，就在这个时候，那些破坏臭氧层的氯氟烃就会因为温度的原因，还没来得及到达臭氧层就被高空中的低温和水分子凝结成一个一个小冰晶，形成"冰云"，或者随着降雪落回到地面上。等冬天结束春天到来的时候，气温开

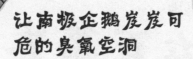

让南极企鹅岌岌可危的臭氧空洞

自20世纪70年代以来，地球上空的臭氧层总量就开始明显减少。在1985年，南极洲的上空竟然出现了一个面积相当于整个美国大小的臭氧层空洞。虽说南极洲的上空仍有臭氧层，可是臭氧层已经稀薄到令人匪夷所思的地步了。就好像一个气球的大半都被磨得十分薄了，前后通亮，看起来很快要破掉似的。并且这个空洞还在继续扩大，根据人们得到的数据显示，南极臭氧空洞的最薄处只有1毫米左右的厚度了，如果再不采取措施，地球上的生物将岌岌可危。

始回升，那些富含氯氟烃的冰云也开始不断地融化，而囤积了一个冬天的氯氟烃气体会猛烈地冲击臭氧层，从而使臭氧层在夏季大幅"缩水"。不仅如此，当地球上的气温回升之时，大量的热空气会升向高空，极大地冲击了一整个冬天形成的臭氧层。在冲击中，有很大一部分臭氧就会被空气带到较低的空中，所以夏季会有更多的阳光进入地球。

所以珍惜我们赖以生存的环境吧！臭氧层已经被一点点地破坏，而人们也在不断地为自己的行为付出代价。如果臭氧层被彻底破坏的那一天到来，灾难就会降临到每个人的身上，那时候我们将会失去这道赖以生存的天然屏障，直接与紫外线"亲密接触"。

今天的太阳好好啊。

简直是海上墓地……

发生在百慕大地区的
神秘灾难

我们生活的世界不但绚丽多彩，而且充满神秘。在世界上就有很多古怪的地方，凡是涉足到那里的人，不是会遭遇千奇百怪的现象，就是莫名其妙地失踪或者死亡，而百慕大地区就是这样一个既神秘又恐怖的地方。在那里，无时无刻不发生着令人费解又无法想象的灾难。

神秘的百慕大三角区

百慕大三角区就是所谓的百慕大三角，它北起百慕大，西到美国佛罗里达州的迈阿密，南至波多黎各的一个三角形海域。在这片面积达100多万平方千米的海面上，从1945年开始数以百计的飞机和船只在这里神秘地失踪。当然，这些失踪事件不包括那些机械故障、政治

飞机突然失事，到底是怎么回事呢？

飞机在空中落下来把船压沉。

飞机失事，沉入海底！

飞得好好的，怎么会突然断裂呢？

绑架和海匪打劫等，因为这些本不属于那种神秘失踪的范畴。由于灾难一件接一件的发生，人们赋予这片海域以"魔鬼三角""海轮的墓地"等称号。这些称号反过来又烘托了这里特有的神秘而恐怖的气氛。

现在，百慕大三角已经成为那些神秘的、不可理解的各种失踪事件的代名词。在我们熟悉的地球上，怎么独独有这么一个神奇而无法解释的角落？怎么会发生一连串不可思议的事情？究竟是什么在百慕大三角作祟呢？

莫名其妙的恐怖灾难的发生

20世纪以来所发生的各种奇异事件，最让人费解的大概就要算发生在百慕大三角的一连串飞机与轮船的失踪案了。

1971年10月21日，一架满载着冻牛肉的运输机"超星座号"从百慕大的空中飞过，当时正有一艘探测船在海面上工作。船上的船员们眼睁睁地看着它飞行了1分钟左右，突然，像海面上有个巨大的隐形"巨人"伸出手一般，飞机就迅速地被"拽"入海中。事后，船员们什么都没有看到，既没有发现飞机泄漏的油剂，也没有看到任何飞机残骸和人的尸体。唯一能够证实飞机曾经存在过且失踪的就是海面上漂浮的那块还带着血的牛肉。

"超星座号"飞机的失踪，只是这片神秘海域许许多多起失踪事件之一。据统计，从1840年以来，在这片神秘的海域上空就有100余架飞机失踪，而这里消失的船只数量更多。这些所有遭遇莫名灾难的飞机和船只共同点就是：完全没有线索。任何船只、飞机和人员，只要是在百慕大三角区失踪的，就甭想再找到幸存者和任何残骸，所谓神秘就在这里。这片被世人称作"海上墓地"的地方，被越来越多的科学家关注起来。

被称为"魔鬼三角"的百慕大

"魔鬼三角"百慕大，难道真的有魔鬼存在，才引发一次次灾难的发生吗？不过，到现在人们依然没有找到确切的答案。有人认为这些失踪不属于自然范畴，是有外星人在作怪；还有人认为是自然原因造成的。不过到底是什么原因，还有待于考察。

最近，英国地质学家提出了新的看法，他认为造成百慕大三角经常出现沉船或坠机事件的凶手是海底产生的巨大沼气泡。在考察过程中，人们在百慕大海底地层下面发现了一种由冰冻的水和沼气混合而成的结晶体。当海底发生猛烈的地震活动时，被埋在地下的块状晶体被翻了出来，因外界压力减轻，便会迅速汽化。大量的气泡上升到水面，使海水密度降低，失去原来所具有的浮力。如果这

时候有船只经过，就会像石头一样迅速沉入大海；如果此时正好有飞机经过，沼气和灼热的飞机发动机正好相遇，就会立刻发生燃烧、爆炸。尽管这个看法很合理，不过还没有得到证实。